RICE IS COMEDY®

地元の活気を取り戻したい。
地元で新たなことにチャレンジし、
次の世代にバトンをつないでいきたい。
そんな志を胸に動き出した若手たちがいる。
琵琶湖の最北端に位置する滋賀県長浜市西浅井町。
人口約4000人のこのまちで、
幼馴染が立ち上げた活動チーム「ONE《ワン》 SLASH《スラッシュ》」。
彼らは言う。
「地方は衰退してるって、はっ?」
「農業は儲からんって、はっ?」
地方はもうダメだなんて、誰が決めた。
地域のネガティブは幻想に過ぎない。
その地に埋もれた宝を掘り起こせ。
そしてポジティブに転換して活気を取り戻せ。

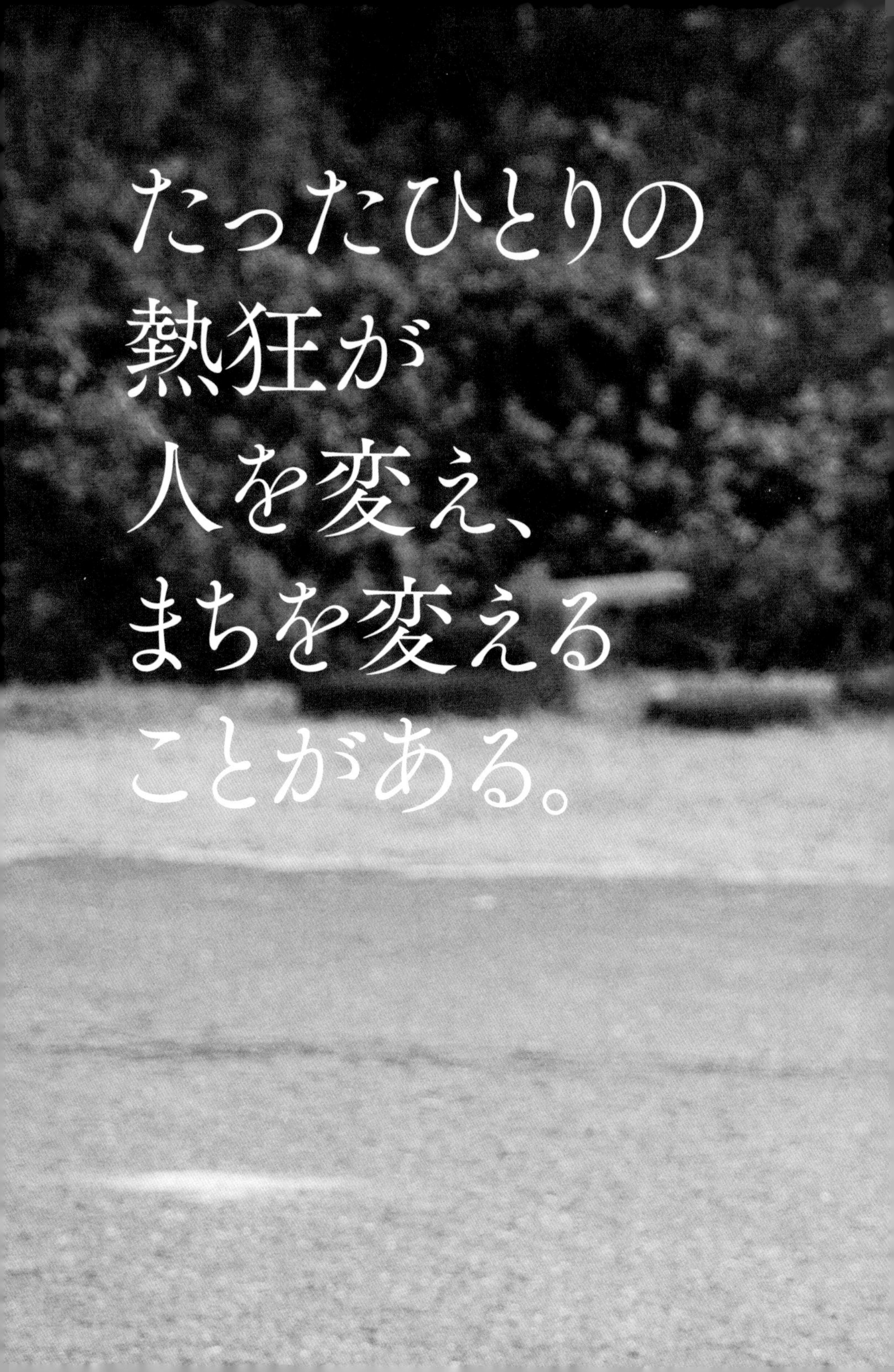
たったひとりの
熱狂が
人を変え、
まちを変える
ことがある。

「今やってるそれ
おもろい？」
ブレたら、
原点に戻れ。

地域をぶち上げろ。

CONTENTS

RICE IS COMEDY 人口4000人のまちで仕掛ける「地域の生存戦略」

CHAPTER 1

ONE SLASHのすべて

ALL STORY OF ONE SLASH 2016-2023

ONE SLASHの原点

「しみっさん、あそぼうや」

そうやって地元の友だちが一人、
また一人と集まってくる。

「ビックリマン買いに行かへん？」

「うん、そうしよ！」

子どもたちが向かう先は、隣村の駄菓子屋『孫兵衛』。

「おっちゃん、ビックリマン買いに来たで」

子どもたちは我先にと駄菓子をつかんで外に駆け出していく。

誰ひとりお金を支払わないのは……〝ツケ〟だからだ。

村の大人たちとすれ違うと挨拶が飛び交う。

「こんにちは！」「おう」「こんにちは！」「おう」

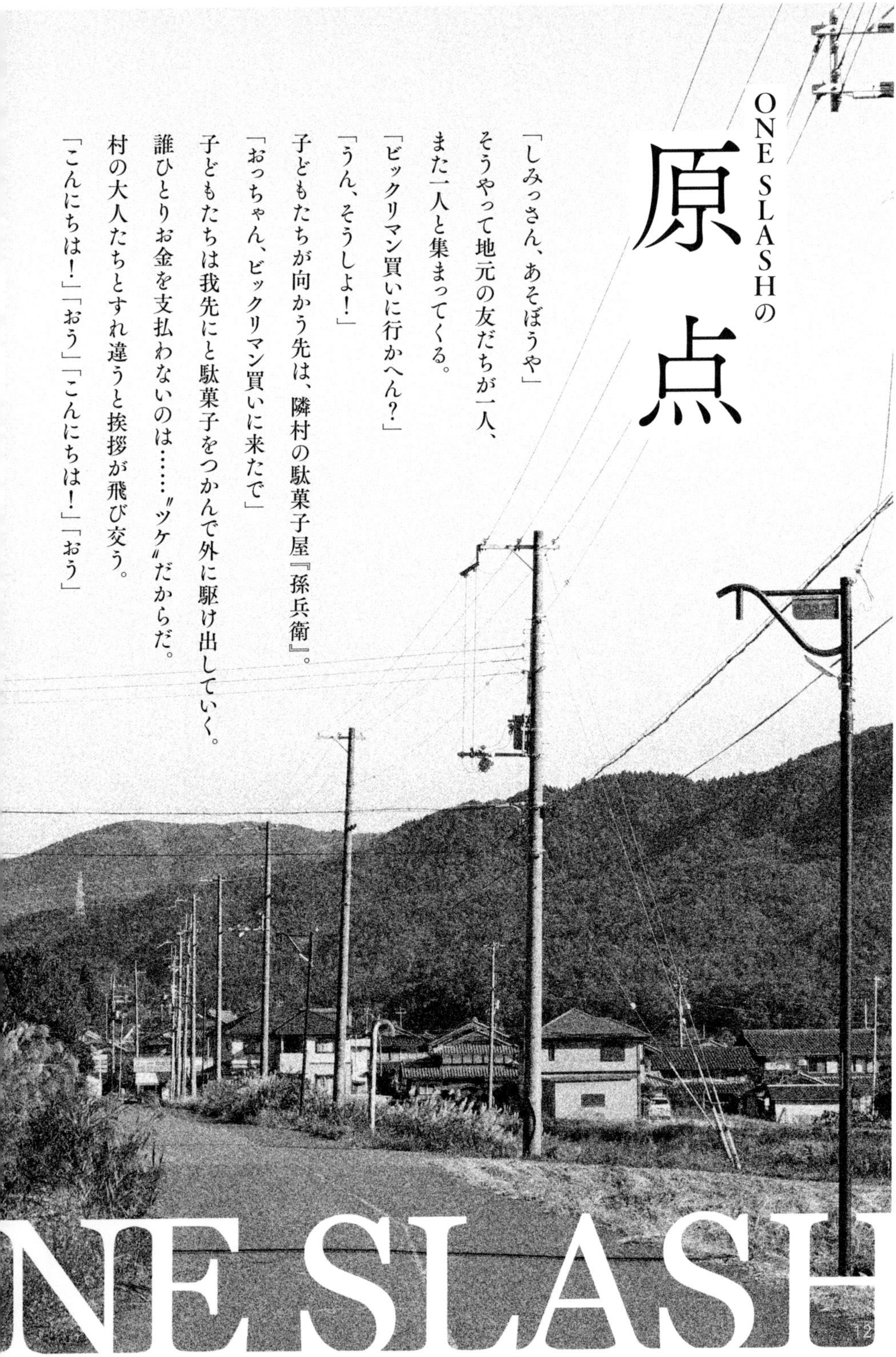

NE SLASH

いたずらをすれば、村の大人たちからこっぴどく叱られる。
今でも変わらぬ風景だ。
そんなまち全体がひとつの家族のような西浅井町で、
ずっと仲の良かった子どもたち。
やがて同じ中学校に通い、
仲間が増える中でつながりはさらに深く、
「大人になったら何かしようや」
と話し合うようになっていた。
学校を卒業したあとは、それぞれの道に進み、
まちを出ていく。
外でもまれて成長し、ふたたび地元に戻ってきたとき、
お互いの口から出てきた言葉は
「この地元で一緒に何かやろうや」。
学生の頃からわいわい楽しく話し合っていた
あの会話が原点となり、
現実となって動き出すことになったのだ。

EPISODE 1

西浅井に碇をおろす

【事業計画とグループ結成】

プロローグ

琵琶湖の最北端に位置する滋賀県長浜市西浅井町。JR大阪駅から新快速で約2時間、このまちの最寄り駅のひとつであるJR湖西線「永原駅」に初めて降り立ったときの印象はごく自然だった。

「私の地元の景色と似ている」

ここでいう〝私〟とは、本書の発行元であるスタブロブックスの代表のこと。当社が位置する兵庫県加東市は酒米・山田錦の産地ということもあって、まちの中心部から外れると田んぼ、田んぼ、田んぼの景色……。

本書『RICE IS COMEDY』の舞台である西浅井町も近江の米どころなので、一面に広がる田園風景に同じ「地元」のにおいを感じたのだった。

一方、西浅井町の南に移動すると、兵庫の内陸とはまったくの別世界が広がっていた。雄大な奥琵琶湖の景観だ。作家の故・遠藤周作氏が当地を訪れた際に「北欧のフィヨルドに来ているようだ」と評したように、湖岸まで山がせり出した地形が織りなす琵琶湖の大パノラマが人びとの心を奪う。

この奥琵琶湖に注ぎ込まれる一級河川の大浦川を北上すると、やがて「山門水源の森」にたどり着く。この湿原から流れ出る水が集落や田んぼを通り、琵琶湖に到達する。源流の森から川、集落、田んぼ、そして琵琶湖へ……と、そのつながりを手に取るように身近に感じられるのも当地ならではといえるだろう。

そんな豊かな自然に恵まれた西浅井町で今、「地域を盛り上げている面白い人たちがいる」とご紹介いただいたのがご縁となり、初めて当地を訪ねたのが2022年8月。以降、幾度も通い詰めて取材を続けた。

地元に根を張り、好きな仕事をして地域を盛り上げたい——。同じ志で活動する者同士による、「ローカル×ローカルの本づくり」が始まったのだった。

地元を全力で楽しむ

西浅井を拠点に活動しているのが地域グループ「ＯＮＥ ＳＬＡＳＨ」だ。

子どもの頃から仲の良かった地元出身のメンバーが集まり、２０１６年に結成。それぞれが建設・建築、不動産、アパレル、製造などの本業を持ちながら農業に従事する兼業農家でもある。グループ結成以降、地元への思いとメンバーの個性を掛け合わせながら、面白い企画を次々と生み出してきた。

彼らの活動の根底にあるのは、「地元を徹底的に楽しむ」こと。

２０１７年以降、桜の名所でおこなう「西浅井はるマルシェ」、１００メートルの「流しそうめん祭り」、獣害のイメージを変える「西浅井ジビエ村」（いずれも25ページ～参照）といった地元を盛り上げるためのイベントを企画し、まちの総人口に相当する年間４０００人を西浅井に呼び込むほどの大反響に。

衰退する一次産業を何とかしたいと始めた「RICE IS COMEDY（米づくりは喜劇だ）」をコンセプトとした米づくり（56ページ参照）や、自分たちが育てた米をまちで振る舞う「ゲリラ炊飯」（62ページ参照）は、今や地元を飛び越え、全国の地域や農家、企業、メディアなどから注目を集めている。

その他、18ページの年表をご覧いただくと、いかにＯＮＥ ＳＬＡＳＨが地域内外に影響を与えてきたのかを理解していただけるはず。

彼らが地元を全力で楽しむ空気感や仕掛ける企画の面白さが地域の人たちを魅了し、さらにその熱量が地域外の人たちをも巻き込み始めているのだ。

商売ありきで地元を盛り上げたい

地元で活動するために、２０１６年に西浅井にＵターンしたのがＯＮＥ ＳＬＡＳＨ代表の清水広行さんだ。目指していたプロスノーボーダーの道を怪我で断念し、2009年、23歳のときに拠点にしていたカナダから帰国。福井県の会社で商売や経営を幅広く学び、30歳になったのを機にUターンした。

西浅井に戻った清水さんは家業の有限会社清水建設工業に入社するとともに、グループ結成に向けて動き始める。

当時からの一貫した思いは、「商売ありきで地元を盛り上げる」こと。ONE SLASHの活動は一見派手だが、本当の狙いはそこじゃない。

「地域の雰囲気を良くするために、楽しくやるのももちろん大切。でもその先にビジネスとしても成立させ、地元でお金が回る状態をつくりたい。そうすればこの地域にかかわる人が増えたり、子どもたちが憧れて将来戻ってきてくれたり、新しい仕事が生まれたり。そんな循環を地元で生み出したいんです」

そう話す清水さんはスノーボードに打ち込んでいたことからもわかるように、本来は個人技が好きとのこと。「でも、大きなことを成し遂げ、遠くに行くためには仲間が必要」と考え、「大人になったら何かしよう」と話し合っていた地元の友だちに声をかけ

ONE SLASH 年表

—— 2016年～2023年の歩み ——

2016

9月 ● 清水広行　西浅井にUターン。
家業の建設業に従事するとともに
グループ結成に向けて動き出す

12月 ● ONE SLASH結成

2017

4月 ● 庄村の春祭り再興（3年間継続）

● 「西浅井はるマルシェ」（3年間継続）

● 米づくりスタート

8月 ● 大浦花火大会 マルシェ（3年間継続）

● 100メートルの「流しそうめん祭り」（3年間継続）

秋頃 ● 農業体験スタート

● 米の直接販売&卸スタート

2018

2月 ● 「西浅井ジビエ村」（3年間継続）

8月 ● 建設・建築部門「Epic Days」竣工

11月 ● 滋賀県立大学の授業に登壇（清水広行）

2019

3月 ● 地方創生ビジネスプランコンテストで
全国50か所以上の中から本選に選ばれ、
準グランプリに輝く

春頃 ● 米づくりのコンセプト「RICE IS COMEDY
（米づくりは喜劇だ）」決定

6月 ● 「ゲリラ炊飯」を長浜市の
黒壁スクエアで初めて実施

● YouTube「ワンスラッシュ【ONE SLASH】」
チャンネル開設

7月 ● ONE SLASH×近江麦酒
ビール「RICE IS BEAUTIFUL」完成

● 地方創生会議 in 高野山に出席（清水広行）

11月 ● ゲリラ炊飯の様子が
全国ネットニュース番組で放送され
RICE IS COMEDY/ONE SLASHが全国区に

2020

1月 ● 不動産事業部「ESTEST」設立

● 滋賀県立大学の授業に登壇（清水広行）

● プロモーションビデオ『RICE IS BEAUTIFUL』が
ナガハマムービーフェス2019で大賞を受賞

4月 ● ONE SLASH×矢尾酒造
「鈴正宗　純米日本酒」完成

5月 ● 台湾発祥のライブストリーミングサービス
「17LIVE」スタート

2020

7月 ● ONE SLASH×つるやパン
「特製『まるい食パン』」完成

10月 ● 愛媛県西条市の産直市場
「いとまちマルシェ」でゲリラ炊飯を実施。
ゲリラ炊飯・第二章のきっかけとなる

2022

7月 ● RICE IS COMEDY×仕立屋と職人
「新作法被」完成

● 京都の日本酒イベント
「SAKE Spring」でゲリラ炊飯を実施

8月 ● 居酒屋「あほうどり」オープン

9月 ● ライスレジン混合レジ袋を作成

● 「イナズマロック フェス 2022」にて
ライスレジンのブースを出展し、
RICE IS COMEDYと株式会社バイオマスレジン
ホールディングスとの連携事業が始まる

● 滋賀県のマザーレイクゴールズ
分野別大使の第1号として
「ふるさと活性化大使」に就任（清水広行）

● 「となりの人間国宝さん」
（よ～いドン！ 関西テレビ放送）で
ゲリラ炊飯が取り上げられる

10月 ● アパレルショップ「CITRONE」オープン

11月 ● 「雀荘少年 長浜店」オープン

● 地元の長浜市立永原小学校で環境授業を実施

2023

1月 ● 脱炭素・再生可能エネルギー分野の
事業開発スタート

● ONE SLASHプロデュースのドキュメンタリー作品
『水と還り、水と生きる』が「地元サイコゥ！映像祭」
で400作品中、佳作を受賞

● 滋賀県東近江市の株式会社おおまえ×CITRONE
による第一弾コラボ商品（暮染め）リリース

● ゲリラ炊飯・第二章の一発目として小豆島へ。
木桶サミットでゲリラ炊飯を実施

2月 ● 環境省・立命館大学と連携した「地域再エネ
導入促進及び地域中核人材育成研修」実施

3月 ● 「Creativity Future Forum '23」
（UNIVERSITY of CREATIVITY［UoC］主催）
登壇（清水広行）

4月 ● ライスレジンの原料となる資源米
（超多収品種「さくら福姫」。
通称「モンスターライス」）の
実験栽培が西浅井の田んぼで始まる

ていった。

なかでも最初に話をもちかけたのが、現在ONE SLASHの不動産事業を担当する水上寛之さんだ。

「ONE SLASHのメイン事業は不動産にしたいと思いながら、水上に『最近どうしてる?』と数年ぶりに電話したんです。そしたら奇遇にも、彦根市内で不動産の仕事をしていると。『まじか!』と盛り上がり、水上と飲みに行ったのが僕たちの始まりですね」

メンバー対談(124ページ参照)でも語っている、グループ誕生の瞬間だ。

決起集会は「おでん会」

その後も、ONE SLASHの支柱的存在の大谷耕平さん、アパレルを担当する田中翔太さんなどに声をかけていった一方、農業を担当する中筋雅也さんとの再会もあり、次第にメンバーが固まっていった。

そんな仲間集めとともに、清水さんが取り組んだのが事業計画づくり。長浜市の起業塾に通いながら書き上げた。驚いたのは、グループとしての全体計画だけでなく、メンバーたちから「何をやりたいのか?」を聞き出し、一人ひとりの個別の事業計画も清水さんが一人で作成したこと。メンバーから頼まれたわけではなく、清水さんが自分の頭の中で描いているグループの全体像を半ば勝手に事業計画に落とし込んだかたちだ。

「そうして完成した事業計画を起業塾の先生に見てもらうと、業種の幅が広すぎて理解してもらえませんでした。というより、『こいつ何なん?』っていうくらいの反応で(笑)。でも、描いた5年先の計画は、振り返るとすべて達成しています」

清水さんが手書きで作成した事業計画を見ると、建設・建築、不動産、デザイン、アパレル、観光、農業、飲食、PR……と、現在ONE SLASHが取り組んでいる内容が事細かに書き込まれているのがわかる。

事業計画づくりと同時並行で、この頃メンバーとの飲み会も頻繁におこなっている。そして事業計画の完成後、清水さんの実家で開いたのが「おでん会」だ。

「みんなでおでんをつつきながら、事業計画を発表しました。これから西浅井で何をしたいのか、みんなと一緒にやる意味は何なのか、事業計画を説明しながら考えを伝えたんです。いわば決起集会ですね」

その際にメンバーと共有したのが「地元」への思い。

「これから西浅井に根を張って活動していく、だから一緒に地元のためにやっていこうと話しました。ようは地元を人質に取ったわけです（笑）。地元や家族のためにやる限り、逃げられないですから」

西浅井に碇をおろす——清水さんはその覚悟を示し、地元の仲間と一蓮托生の気持ちで新たな一歩を踏み出したのだ。

グループ名はみんなで議論し、最終的に清水さんが決めた。

「ONE SLASHとは『〇分の1』という意味です。分母にはいろんな業種や仕事が入り、自分たちがその一員であることを示しています。あらゆる分母に必要とされる『1』になりたい、そんな思いを込めました」

ちなみに2016年10月に結婚した清水さんは、新婚旅行で訪れたカリフォルニアでメンバー全員に対してメッセージ入りのブレスレットを作成している。帰国後、「結束の証」として一人ひとりに手渡していった。

さあ、準備は整った。

いよいよグループとして動き出す、その原動力の背景にあったのは「危機感」だった。

上.おでんに、ビールに、たばこに。そして手前にあるのが事業計画書。ONE SLASH はここからすべてが始まった　下.プレゼントしたブレスレット。メンバー一人ひとりに向けたメッセージを刻み込んで渡した

Point of Action

まちの外に出て成長し、
「Uターン」で
還ってきた
若手の存在が
地域活動のカギを握る

派手に見える活動の裏に
緻密な事業計画あり。
「計画は緻密に、
行動はノリで」は
清水さんの言葉

「地元への思い」が
仲間を束ね、
同じ方向に歩むための
羅針盤となる

EPISODE 2

地域おこしは人間おこし

【危機感からの実行】

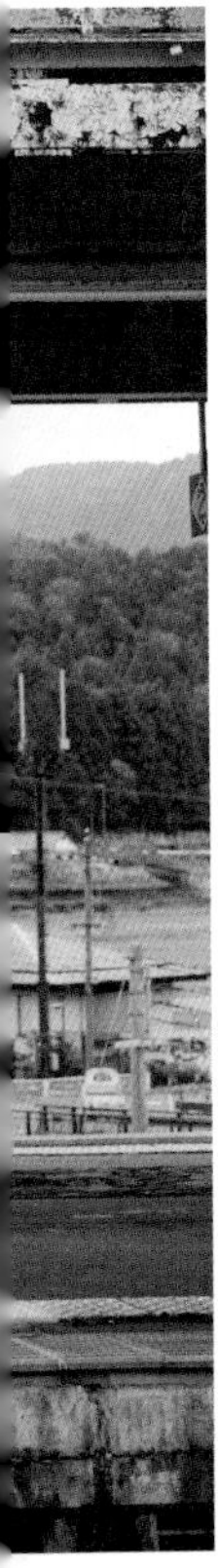

サボるな、大人たち

西浅井町をさらに細部化した村のひとつ、「庄村」の祭りでの出来事だった。

清水さんの地元でもある庄村の祭りは子ども時代、りんご飴の屋台やおもちゃ屋を呼ぶほど賑やかだったという。子どもの神輿も出てみんなで踊ったりと、清水さんはこの祭りに参加するのが楽しみだった。

ところがUターンする前に久々に足を運ぶと屋台はゼロ。「雨が降りそうだから神輿はやめようか」と大人たちが相談している。

「その様子を目にしたとき、こんな

状態では将来、子どもたちが戻ってきたいと思うわけがない、圧倒的に地元がおもんないと危機感を抱いたんです」

子ども時代にあれほど楽しかった祭りはどこにいったのか。

「雨が降るなら合羽を着て、神輿にビニールをまいて担いだらいいんです。子どもたちはそんな思い出が原体験となり、将来地元に戻ってきたいと思えるようになる。誰より僕自身がそうなので。庄村の先人たちが地域に投資をしてくれたおかげで、僕は子ども時代にいい体験をたくさんさせてもらった。だから地元に還ってきたんです」

2020年以降、新型コロナウイルス感染症の流行で行動が制限され、子どもたちの体験機会がことごとく奪われてしまった。

「でもコロナより前に、すでに庄村で同じことが起きていたわけです。しかも子どもたちの体験機会を奪っていたのはほかでもない、地域の大人やったって……。西浅井に限らず、地域が沈んでいるのは大人がサボってるからやと気づかされました」

庄村の春祭りを盛り上げよう

では自分たちにできることは何だろう。

ONE SLASHのメンバーで話し合い、庄村の春祭りの賑わいを取り戻すことからグループ活動を始めることになった。

「計画のポイントは、子どもたちをいかに楽しませるか。そのために屋台を5軒ほど出店し、マジシャンを呼んでマジックショーもおこないました」

結果、2017年4月の春祭りは大盛況に。子どもたちは「俺らの集落の祭りがこんなことになるんや」と大喜び。地域の人たちからは「ありがとう」という言葉をかけられ、祭りの舞台となった日吉神社からも「こんなに多くの人たちが境内に長く居てくれたのは久しぶり」との声が聞かれた。

全国に7万~8万以上（文部科学省・宗教統計調査［2021年度］）存在する神社と寺院は、地域にとっては単なる宗教施設にとどまらない。祭りの舞台になるのはもちろん、子どもたちの遊び場としてのコミュニティ機能も併せ持つ。「ところが僕が地元に還ってきたときには神社は遊ぶ場所ではなくなっていた」と清水さんが言うように、地域のコミュニティと子どもたちが切り離されてしまったのも、若い人たちが地元を離れ、地域が衰退する遠因になっているのかもしれない。

ゲームやボール掬いの屋台も。子どもたちが楽しめる工夫が随所に

実際、祭りに愛着をもつ若者ほ

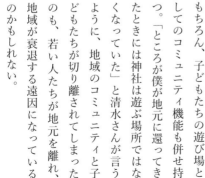

ど地元にUターンする傾向があるといわれる。祭りや神社・寺院という、地域の伝統文化や地元の人たちの拠り所ともいえる場所を大切にして、子どもたちが遊べる場に戻そうとしたONE SLASHの活動は、地域おこしで避けては通れない重要ステップだったと感じる。

これと関連して清水さんはUターンした翌2017年2月、自宅で「神事」を執りおこなっている。10班ある庄村の各班が毎年持ち回りで神様を降ろす重要行事が、ちょうどUターン時期に巡ってきたのも何かの縁なのか。軒数が少ない班は地域の施設を使う傾向になっていたが、清水さんは自宅に村の人たちを集めて神事を執りおこなっている。

コロナ禍を経た今、地方を新たなビジネスフィールドにする動きが広まっている。地元にUターンして活動するにしても、IターンやJターンで新しいまちに入るにしても、地域の人たちが大切に育んできた伝統文化や行事、コミュニティの存在に思いを馳せることがいかに大切か、忘れてはいけない。

メンバーの目を開かせたマルシェイベント

さて、こうしてONE SLASHは幸先の良いスタートを切ったわけだが、それだけでは終わらなかった。

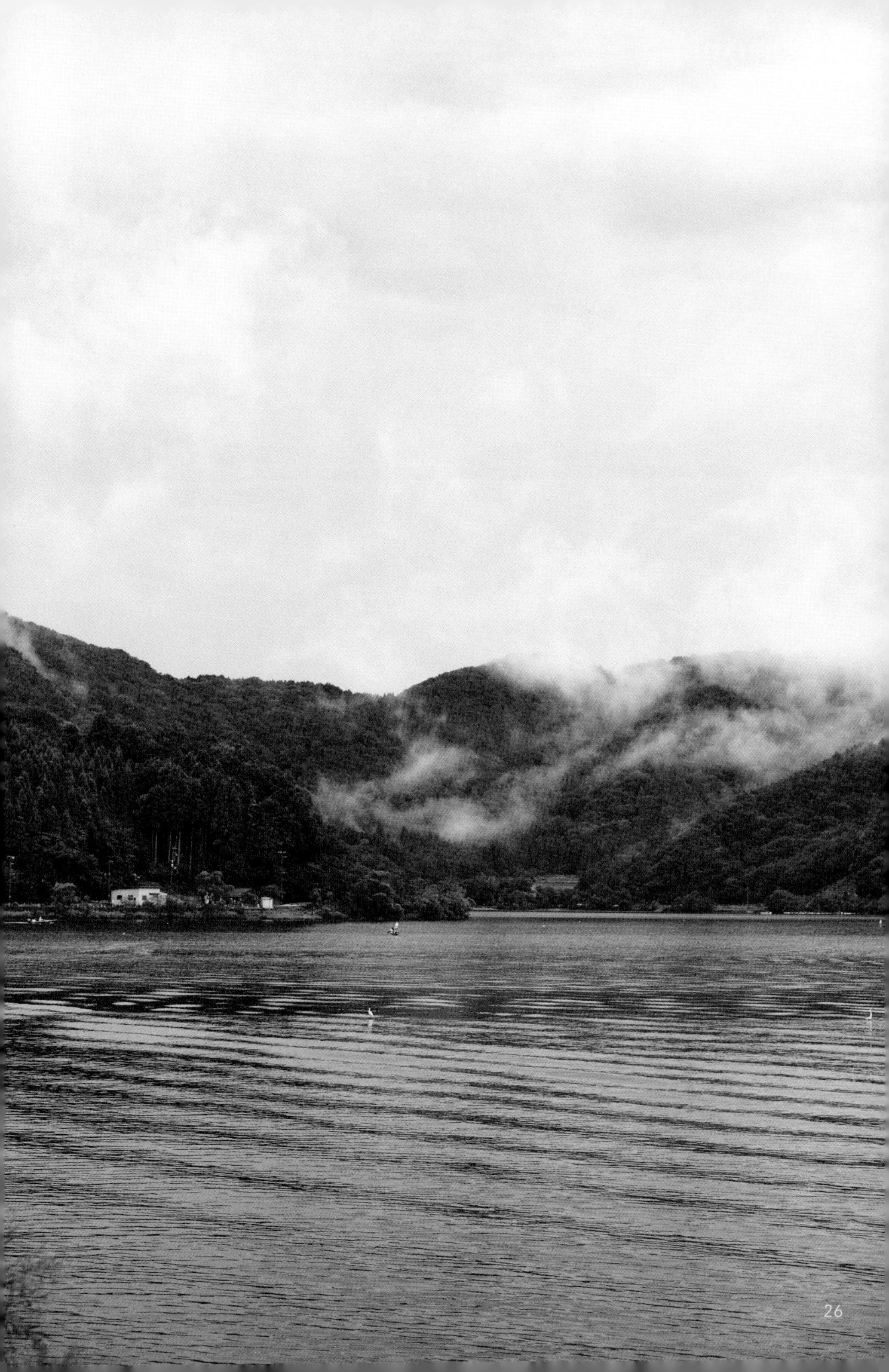

上.西浅井はるマルシェの賑わいの様子　下.初年度のはるマルシェの打ち上げにて。全員が西浅井のメンバーで成功を祝った

「庄村の春祭りの翌日に、地元のお店を集めた『西浅井はるマルシェ』を開催することにしたんです」

　奥琵琶湖に突き出た二つの半島沿いにはそれぞれに桜並木が続き、毎年シーズンになると花見客で賑わう。その桜並木は満開の時期に一方通行になる。「広告を出すお金はないので、その出口で花見客を待ち構えるようにマルシェをしよう」と誰もやったことがなかった案をひねり出し、一方通行の予定日を調べると、ちょうど春祭りの翌日だったのだ。

「庄村は100軒の集落なので、回報や村内放送だけで祭りを告知できます。でも西浅井の人口規模は小さいとはいえ4000人で、範囲も広い。地域の大人は『そんなもん、人こんやろ』とあきらめムード全開で、ONE SLASHのメンバーたちも『ほんまに人集まるやろか……』と心配している。でも僕は地域の価値に気づき始めていたので、『絶対大丈夫』とみんなに言っていました」

　集客はFacebookなどのSNSを使い、清水さん曰く「鬼シェア」で徹底周知。人が人を呼び、実行委員会のメンバーは春祭りの6～7人から12～13人に。出店者も野菜農家やハンドメイド作家など40店も集まった。

　そして本番当日——。

「みんなの心配がうそのように、西浅井の人口の4分の1にあたる1000人の人たちが来てくれました。しかも桜の満開時期がズレて、一方通行は翌週になったというオチつきです」

　誰より驚いたのが半信半疑だったメンバーたちだ。

「『ほんまに人が来た！』とメンバーの目の色が変わったんです。やがて『俺たちはいける』って自信をもち始めてくれました」

　対する清水さんは予想どおりの結果だけに、「な？　言うたやろ？

って（笑）。メンバーの目を覚まさせたかったんです」

まさに、「地域おこしは人間おこし」である。

「絶対に人は集まらない」をひっくり返す

2017年の夏には、庄村に夏祭りがないから何かしようと、自伐した竹を使って100メートルの「流しそうめん祭り」を企画。子どもたちを楽しませるのが目的なので、開催は夏休みの最後の週末に。竹あかりの灯篭も用意し、夏祭りの雰囲気づくりにも工夫を凝らした。

「この頃には盛り上がりをある程度予想できるようになっていた」と清水さんが振り返るように、結果は大成功。多くの人が集まり、子どもたちの楽しむ声が村中に響き渡った。

こうして春や夏のイベントを成功させたあと、つぎに着目したのが〝冬の西浅井〟だ。北陸に近い当地は冬の積雪が1メートルを超え、「さすがのお前でも冬に人は呼べない」と言われてきた。しかし清水さんは「西浅井の地域資源を活かせば人は集まる」と考え、あえて真冬に人を呼び込むチャレンジを企てたのだ。

その企画のために着目した地域資源が、冬や雪と同じく地域の人たちがネガティブにとらえていた野生鳥獣だった。

「猪や鹿に対する地域の印象は、山から降りてきて田畑を荒らすなどのマイナスなイメージです。でもジビエにかたちが変わるとポジティブに転換され、喜ばれる存在になる。僕にとっては雪も野生動物も武器にしか見えなかったので、雪が積もる真冬に猪を丸焼きにしようと考えました」

地域のネガティブイメージをひっくり返す——「これは需要と供給の関係と同じ」と清水さんは言う。

「僕たちの地元では雪は日常ですが、地域外の人にとっては非日常、つまり需要があるんです。雪×ジビエという掛け算で非日常を演出すれば需要が生まれ、外の人を呼び込めると考えました」

清水さんはジビエの視察を開始。

岐阜県郡上市の石徹白《いとしろ》地区のイベントに参加した際、ジビエの丸焼き機を手がけた鉄作家の山田大介さんに思いを伝えた。

「山田さんは岐阜から長浜市鍛治屋町に移住された方。『ぜひ僕たちにも丸焼き機をつくってほしい』とお願いしたんです。すると『しゃあないな、つくったげるわ』と」

こうして丸焼き機が手に入ることになり、「西浅井ジビエ村」の企画が動き出したのだった。

「ジビエといえば、山の命をいただくといったヘビーなテーマになりかねません。僕たちはもう少しライトなイメージで、家族でも楽しく参加できるイベントを目指すことに。そこでB級グルメのグランプリ方式にすることにしました」

鉄作家の山田さんにトロフィーのオブジェもつくってもらい、その土台は地元の建具屋の藤田裕太さんに依頼。もちろん目玉は「猪の丸焼き」だ。

さらに冬の開催を盛り上げるべく、フィンランド発祥のテントサウナも用意した。テントの中にサウナの機械を入れ、暑くなったらそのまま雪の中へダイブする。彼らしい面白さだ。

切り出した竹を割り、100メートルの長さに手作業で組み上げた。庄村にある坂を利用して

鉄作家の山田さんに作成してもらった丸焼き機が大活躍。雪とジビエという意外な組み合わせが需要を呼び、瞬く間に完売

雪の積もる冬の西浅井で上半身裸になり、熱く盛り上がる。仕掛けは成功だ

こちらは2年目の西浅井はるマルシェの終了時。みな達成感にあふれた笑顔が印象的だ

こうして2018年2月、「西浅井ジビエ村」の開催当日を迎えると――そこには驚きの光景が待ち受けていた。積雪の中でも全店舗1800食が午前中に完売し、先着100名の猪の丸焼きには400名の行列ができたのだ。

「僕たちを応援してくれていた地元のじいさんたちも『お前、さすがに今回は人はこんぞ……』と心配してくれていました。でもその状況すらひっくり返したことで、『あいつらはほんまにやりよる』と認められた気がします。地元の人たちがあきらめていた冬のイベントでさえ、人を呼べる。大きな自信につながりました」

西浅井はるマルシェに続き、より難しいと思えた西浅井ジビエ村も成功させたことで、メンバーたちだけでなく、地元の人たちの意識をも変えたのだ。

その勢いを加速するべく、翌2019年には「西浅井ジビエ村」のクラウドファンディングにチャレンジ。「当時は誰も地域でクラファンをしたことがなかったのですが、それが噂を呼んで市内への宣伝になりました」と清水さん。結果、イベントの規模を拡大させることに成功している。

その他、ここまでご紹介してきた庄村の春祭り、西浅井はるマルシェ、100メートルの流しそうめん祭りなど、西浅井を舞台にしたイベントも2017年から3年間継続。その結果、人口4000人のまちに年間4000人を呼べるまでになったのだ。

なお、当時の活動を支えてくれた人がいる。滋賀県米原市に移住し、ガラス工芸作家として活躍している林和浩さんだ。「かずくん（林さん）とは、お互い地域を盛り上げたい思いで意気投合した」と清水さん。林さんに「西浅井はるマルシェ」の運営を手伝ってもらう代わりに、伊吹山の麓で開かれるハンドメイド作家のイベント（IBUKI Country Fair）のサポートに入るなどの協力をし合った。

地域で活動していると、志をともにする仲間と出会うものなのだ。

Point of Action

子どもたちをいかに楽しませるか。
子どもの笑顔なくして地域の再興はなし

地元の信頼を得るために、地域の伝統文化や行事、コミュニティの存在に敬意を表す

「人間おこし」に必要なこと。それは地域の価値を信じる力と、目の覚める成功体験

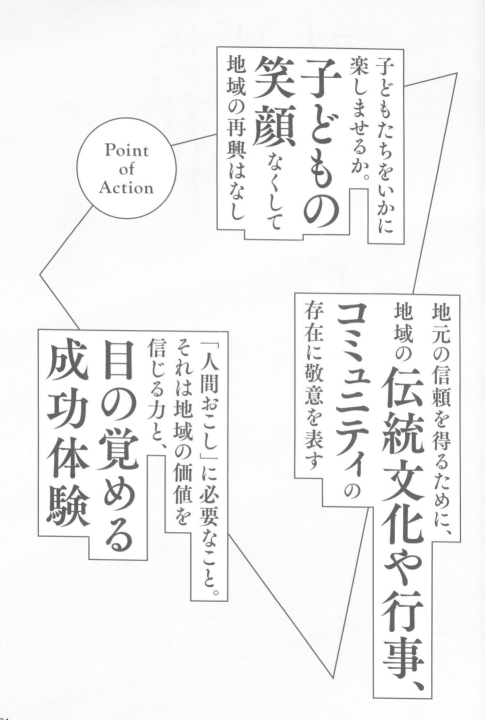

EPISODE 3

集落にぜんぶ詰まっている

【地域活動の気づき】

気づかされたひと言

ONE SLASHの活動は軌道に乗り、メディアから取材を受けるようにもなってきた。話題になるにつれ、新しいことを生み出している気になっていたが、違った。

「きっかけは、地元のじいさんの言葉です。『お前ら注目されとるけど、わしらも台本書いて演劇くらいやっとったで』と言われたんです。そのひと言で気づかされました。僕たちは何か新しいことをやって地域を盛り上げているつもりになっていたけど、昔の人たちがやってきたことを繰り返しているだけやって」

地元を楽しみ、そのポジティブエネルギーで地域

を変えたい――そんなONE SLASHの活動の原点をさかのぼると、昔の人たちの演劇にたどり着いたのだ。むしろ当時の人たちのほうがすごいことをやっている。

EPISODE12でお伝えしているように、ONE SLASHのメンバーたちは今、地元に成長産業を引っ張ってくるべく動いている。

4000人を丸ごと雇用するほどの仕事を地域につくりたい――そんな思いも歴史をさかのぼると、今や世界企業のヤンマー創業者である山岡孫吉にたどり着く。

西浅井のお隣、現・長浜市高月町出身の孫吉は「工業によって農村を振興させる」との理念のもと、湖岸集落の西浅井町菅浦に「家庭工場」というしくみをつくった。共栄会という組織が仲立ちし、

琵琶湖から望む菅浦の家並み
(© 長浜み〜な編集室)

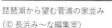

ヤンマーの内職仕事を家庭工場に委託するシステムで、陸の孤島ともいわれた菅浦の人たちの生計を助けたのだ。

自宅の横が工場なら出勤いらずで、自らが工場長。農業との兼業もやりやすい。通勤時間を要しない工場として画期的な発想だった。

価値観のぶつかり合い

そんなヤンマーの地元工場（ヤンマーパワーテクノロジー株式会社 小形事業部びわ工場）でエンジンの製造に携わっているのが、ＯＮＥ ＳＬＡＳＨの農業部門を担当する中筋雅也さん。清水さんの６つ上の先輩だ。一時期、大阪に出ていた雅也さんは、清水さんより先に西浅井に戻って兼業農家をしていた。

２０１６年に清水さんがＵターンした後に二人は再会し、ビールを飲んでいるときに口論になった。清水さんは振り返る。

「まさや君に会うのは小学生以来だったので、『今何やってんの？』って聞いたんです。するとヤンマーで働きながら米づくりをしているとわかり、『めっちゃええやん！』と」

その反応を見た雅也さんは、

「兼業農家の何がええの？ はっ？ なんやこいつ？って感じでしたね」

その後も清水さんの質問は続き、次第に雲行きが怪しくなっていく。

「僕がまさや君にとくに聞きたかったのは、育てた米をどうやって売っているのか。すると普通にＪＡに出しているとわかり、なんやねんそれ、おもんな、だっさと」

楽しくビールを飲むつもりが、突然批判された雅也さん。もう我慢ならず、「なんやお前こら！」と言い争いに。はたから見ると完全にケンカだ。

雅也さんは当時を思い起こす。

「今思えば、ひろ（清水さん）がやり始めた行動が悔しかったんです。地元の祭りは僕も好きでしたよ。簡素化されていくことに対して寂しさもありまし

タバコ日用雑貨

た。でも、行動に移せていなかったし、動けていないのを問題にすらも思っていなかった。そこをひろに指摘され、『はっ?』ってなってる自分がさらにダサいという、いろんな感情がごちゃ混ぜになっていましたね」

異なる価値観の中で大人になった二人が再会し、ぶつかり合いながらも徐々に歩み寄っていく。そして活動を共にする。その結びつきの根底にあるのは、やはり「地元」なのだろう。

このままでは地元が消滅してしまう

二人のやり取りからもわかるように、ONE SLASHを結びつけているのが「地元」の存在だ。しかし西浅井町も他の地域と同様に人口減少が進んでいる。

長浜市の統計によると、1990年時点での旧西浅井町(2010年に長浜市に編入)の人口は5176人。それが2015年には4000人ジャストまで減少している。1986年に清水さんが誕生し、外に出て西浅井に戻るまでの30年間で、人口が2割ほども少なくなったことを意味する。

「環境に適応できない生物は絶滅するように、地域も時代の変化にあわせて進化しないと滅びゆく宿命にある。Uターンして庄村の現状を見たとき、このままでは地元がなくなってしまうと感じたんです」

清水さんが抱いた危機感の正体は、地域消滅という切実なものだった。

地元にあるものを、次の時代の価値にすればいい

だからといって、地元を守るために、地域にないものを無理に生み出そうとしなくてもいい。

「なぜなら、先人たちの知恵が集落にぜんぶ詰まっているからです。僕たちが考えるべきは、すでに地域にある価値を掘り起こし、それらを時代にあわせてどうアップデートするか。そのための手段も、商売のヒントも、価値の源泉も、すべて先人たちが残してくれているんです」

この10数年で地方の価値が見直され、コロナ禍がその状況に拍車をかけた今、分散型社会への回帰が進んでいる。

かつての日本では、人びとは各地で地域資源を共有し、農業＋生業で生計を立てる多様でクリエイティブな働き方や暮らし方をしていた。それが明治維新後の富国強兵で資本と人材の中央一極集中が始まり、戦後の工業化で加速。働き方も9割の人がいわゆるサラリーマンとなり、大正時代に3万種類以上の申告があった職業は現在、９００種類弱に。ところが戦後80年近くが経った今、その一極集中かつ画一的な社会が成熟し、また分散型の多様な社会に回帰する機運が高まっている。

しかもただ戻るだけでなく、市場がグローバル化するなどのスパイラルアップ（進化）を経ながらだ。

「庄村では１００軒のうち、今でも20軒が商売をしています。農業をしながら生業をもつことを百姓と言いましたが、それがパラレルワークに言葉が変わっただけ。働き方や暮らし方も集落に学べばいい。その集落に僕たちの世代が還り、地域をもう一回、整備し直しているんです」

清水さんが「整備」と言うのにはわけがある。かつて庄村の区画整理をおこなったのが清水さんの祖父だったからだ。世代を超え、時代にあわせてもう一度、地域をつくり直しているのだ。

Point of Action

価値観のぶつかり合いは必ず生じる。大切なのは、
歩み寄る勇気と地域への思い

分散型の多様な社会に回帰している今、
働き方や暮らし方も歴史に学べばいい

地域を盛り上げるヒントは足元にある。それを見つけ、
時代に沿ってアップデートせよ

ネガティブ感情は知識不足

地域で活動する際に厄介な問題がある。ネガティブムードだ。面倒から簡素化されていた集落の祭りしかり、人が集まるか不安だったマルシェしかり、雪や野生動物しかり。一見するとネガティブに覆い隠されて地域資源としての価値の真価に気づきにくい。

そこでONE SLASHが私たちに示してくれたのが発想転換の重要性だ。地域の祭りを再興すると子どもたちの笑顔があふれ、桜という地域資源にマルシェを掛け合わせると人が集まり、厄介者扱

ポジティブに武器になる

【価値探しの旅】

EPISODE 4

いされていた雪や野生鳥獣をジビエイベントに転換することで真冬にすら人を呼べることがわかった。

　こうして言葉にするのは簡単だが、ネガティブムードに包まれていた人たちを〝たたき起こす〟のは大変だったはずだ。清水さんは言う。

「ネガティブにとらえてしまう原因は何かというと、知識不足なんです。知識をつければマイナスイメージの裏に隠れて見えない価値の源泉を見つけられるし、それをポジティブに転換すれば商機（＝需要）が生まれるとわかる。野生鳥獣といえば被害額がどうのこうのと言うけれど、違う。逆やろ、武器やろ、使い方やろと」

ネガティブを変えると

日本の地方こそ、世界の最先端

日本では2008年を境に人口減少社会を迎え、今では1年間に鳥取県や島根県の総人口に相当する64万人が減り続けている。ネガティブな事象に思えるが、清水さんの見方は逆だ。

「日本は世界に先駆けて人口減少と高齢化の時代を迎えていますが、それ自体はネガティブなことではないと思います。日々進化するテクノロジーを使い、人口減少・超高齢社会に適応した新たな国づくりや地域づくりの在り方を日本が示すことができれば、世界をリードできる可能性があるわけですから」

さらにその日本の中でも、早くから人口減少と高齢化が進んでいるのが「地方」だ。つまり日本の地方こそ、世界の最先端といえる。そうとらえると、オセロが一斉にひっくり返るように、ローカルの可能性が一気に浮かび上がってくるから面白い。

日本の人口の歴史をたどると、江戸時代の300年間は3000万〜4000万人で推移している。食料もエネルギーも100%自給自足し、各地の地域資源を活かした特産品を生み出して共有するコモンズの時代が続いた。

それが明治からの150年間で人口が垂直的に増加し、一気に3倍に。その急激な人口増加を前提に設計された日本のしくみが今、時代にあわなくなっている。

「たとえば人口ボリュームが拡大する前提で地域につくられた学校という資産が余る時代を迎えています。何千万円や何億円もかけて土地・建物に投資する必要がなくなり、廃校を利活用して商売できるチャンスですし、空き家や古民家も同様に時代にあった活用法を見出したり、現代風にリノベーションしたりすることで新たな価値を吹き込むことが可能です」

その言葉どおり、ONE SLASHの不動産事業部では空き家や古民家の再生にも取り組む。地域の空き家問題の解消と西浅井への移住・定住促進を両立させる活動も進めているのだ。その一例として、184ページで取り上げたライダーハウス「日本何周」の物件斡旋から改修、そして開業までサポートしている。

価値探しの旅

さて、グループを結成して以降、イベントを次々成功させてきたなか、地域の空気が沈んでいただけで、そこに魅力的な宝物が多くある事実に気づいたメンバーたち。

「たとえるなら、海外で食べる白米と同じです。当たり前になりすぎてその価値を忘れてしまっている人が多いだけで、それを掘り起こしてポジティブに転換することで地域のムードが少しずつ変わっていきました」

しかし、イベントは一過性の盛り上がりに過ぎないことは理解していた。そこで続けてきたのが、より持続的に地域を盛り上げるための「価値探しの旅」だった。

「2017年4月頃には、こんなものにも興味をもっていたんです」と言って清水さんがスマホの写真を見せてくれた。そこに写っていたのは「苔《こけ》」だった。

「地域にあるものすべてが可能性にしか見えなかったので、当時はどうやって商売にしようか、どうやって見せたら人を呼び込めるだろうかと、ずっと考えながら西浅井を車で走り回っていました」

ほかにも農道に草刈の軽トラックが並ぶ写真がスマホに残されていたので聞いてみると、「この集落風景すら武器になると思うんですよ」と清水さん。西浅井町月出の湖岸沿いの空き屋物件を調査した際には、「ここはハワイか、沖縄かと思うほどのポテンシャルがある」と感じたという。

そうして価値探しの旅を続け、たどり着いたのが、究極のネガティブであり、究極の価値である「米」だった。

上.「苔も武器。ネットで売れる」と山に入って集めていた　下.軽トラが並ぶ風景は都会にはないからこそ武器になると考えていた

米は武器になる

EPISODE5で触れているとおり、清水さんはスノーボード選手時代、国内外の各地を遠征する日々を送っていた。新潟など米どころの白米を食べる機会も多かったが、「西浅井の米がやっぱりうまい。地元の米は外で勝負できる」と感じていたという。

「ところが美味しいはずなのに、地元の農家の人たちからはプライドを感じない。兼業農家だから、別に儲からなくていいんです。自分たちや周りに分けられる程度に米をつくって田んぼを維持できれば」

そんな消極的な思考が生み出してきたのが、農業の「きつい、汚い、儲からない」というネガティブ感情だ。結果として担い手が育たなくなり、耕作放棄地が増える状況に陥っている。田んぼと山の境目がなくなり、野生動物が里に降りてくるようになったのも、結局は人が招いた。西浅井に限らず、日本全国に共通する地域や一次産業の課題ともいえる。

とくに滋賀県は農業産出額の約58%を米が占める米どころで、農地面積のうち水田の割合は約92%にのぼる（富山県に次いで全国で2番目の高さ、JA滋賀中央会調べ）。さらに兼業農家の割合は80・5%と、同じく富山県に次いで2番目に高い（株式会社しがぎん経済文化センター）。

「つまり兼業農家を子どもたちが

写真：山崎純敬（SHIGAgrapher）

憧れる存在にして田んぼを維持できなければ、西浅井の風景を守れないわけです」

では、どうすればよいのか。

西浅井の米は地域の宝。ネガティブ感情をひっくり返し、外に出て勝負しよう。そして楽しく儲かる農業にアップデートして地域を盛り上げ、田んぼを守ろう――清水さんはONE SLASHのメンバーに呼びかけ、米づくりに取り組むことになった。

グループで米づくりを始めた1年目の田植えの様子。水上さんが田植機を運転している

93点という確信

2017年4月、前年まで雅也さんが米を育てていた田んぼを使い、ONE SLASHのメンバーみんなで協力しながらの米づくりが始まった。

「すると地域の人たちが集まってきて助けてくれるようになりました。祭りやイベントのときもそうですが、西浅井の人たちは『何やってんの?』『何かあったら手伝ったる!』と同世代だけでなく、70~80代のじいさん、ばあさんまで世話を焼いてくれる。『もっとやれ!』『応援したるから』と背中を押しまくってくれるのが僕たちの地元です」

そうして地元の人たちの後押しも得ながら、何も資材を使わずに育てた1年目のお米は、やはり美味しかった。

米のうまさを感覚ではなく数値で実証するために、アミロースやアミロペクチンなどの成分バランスを試験場で測ってもらうと、日本の米の平均値が65~70点のところ、メンバーで育てた田んぼの米は93点という結果に。

「それを見た瞬間、やっぱりな、と思いましたね。だってうまいですもん(笑)。同時に、西浅井の米は武器になる、そんな思いが確信に変わりました」

そしてうまさは数値で実証されたので、もう点数で争う必要はない、それよりもＯＮＥ ＳＬＡＳＨならではのアプローチで西浅井の米を外に出していこうということになった。

　なぜ点数を表に出さないのか。考えはこうだ。

「日本全国には美味しいお米がたくさんあるので、数値を前面に出して価値を競い出すとレッドオーシャンでの戦いになる。そうではなくて、僕たちは地元で育てたお米を自分たちのやり方でアピールし、価値を認めてくれたファンの皆さんにお届けすることにしたんです。すると、これまで誰もやったことがない農業の盛り上げ方が反響を呼び、結果としてお米を買ってくれる人が増えていきました。まさにブルーオーシャンで、これが僕たちの勝因になりました」

　戦略にはさらに続きがある。

「僕たちのお米を食べてくれた方に、うまさは数値で証明されていると改めて説明するんです。そうすることで米づくりをしっかりやったうえでのプロモーションだと説得力が増し、さらにファンになってもらえます」

　戦略的な意図をもって動き出したＯＮＥ ＳＬＡＳＨのメンバーたち。１年目の米を収穫した２０１７年秋には、早くも西浅井の米の卸売りを始めている。ＪＡなどの既存の流通は一切使わずに、自分たちで付加価値をつけ、適正価格で販売するための模索だ。

　さらに米の栽培キットの販売実験をおこなったり、農業体験イベント（１５６ページ参照）をスタートさせたりと、米を武器に地域を持続的に盛り上げるためのチャレンジが、いよいよ始まったのだ。

　それはＯＮＥ ＳＬＡＳＨらしく、農業のネガティブイメージをポジティブに転換する面白みにあふれる挑戦だった。

上．とにかくやってみる。栽培キットの模索をスタート。遊び心も忘れず　下．地域の宝である米を自分たちで価値づけし、自らの手で販売するチャレンジも初年度から始めた

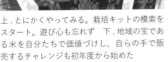

Point of Action

ネガティブに振り回されず、
価値の源泉を
商機に変える。
そのために必要なのは
「知識」

レッドオーシャンでの戦いを避け、
自分たちの強みで勝てる
ブルーオーシャンを探れ

究極のネガティブは、
究極の
ポジティブの
裏返し。
地域の宝を掘り起こし、
光を当てよ

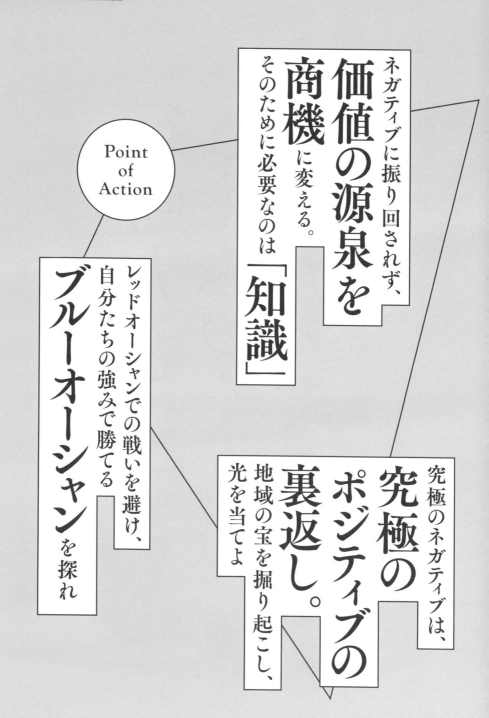

EPISODE 5

行動力としくみづくりの天才だった

【清水広行というプレーヤー】

写真：山崎純敬（SHIGAgrapher）

まちは人なり

「企業は人なり」とは、経営の神様といわれた松下幸之助氏の言葉だとされる。企業という器の正体は人である、だから企業の持続的な発展のためには人を活かすことが大切との至言だ。

これは「地域」も同じではないか。ある一人の人物がUターンした結果、人が変わり、まちが変わる。そんなストーリーが西浅井で繰り広げられてきたとすれば、その起点となった清水広行という人はいったい何者なのか。

上．行動力のかたまりだった20代（現在も衰え知らずだが）。カナダに渡った頃の清水さん
下．写真はカナダにて。異国の地でスノーボードに明け暮れながら、同時に経験値も積み重ねた

清水さんは10歳でスノーボードに出合い、22歳でカナダに渡っている。目的はスノーボードをやるためだったが、裏テーマがあった。

「それは人生経験を取りにいくためです。スノーボードは経験値を得るための手段としてめちゃくちゃいいんですよ。それを理由にいろんな地域に行けるので。ボードだけをしに行っていたらアホですよね」

ステイ先を決めずにカナダに向かい、案の定、宿探しの試練が待っていた。

「経験値を取りにいっているので、予定調和はつまらない。わざと宿を決めずに向かい、自分を試したかったんです」

最初に滞在予定だったバンクーバーは「都会すぎた」ことから、その足でウィスラー（2010年バンクーバー五輪の舞台となったまち）に向かった。

「すると田舎なのに、ホテルの宿泊料金が一泊500ドルもして、気づきました。オリンピックを契機にまちが開発されると、田舎の価値がここまで上がるんやと」

観光案内所で安宿の紹介を受けて荷物を預け、一人でバーに飲みに行った帰りだった。

「ドラッグストアに立ち寄ったら日本人と出会い、『今日カナダに来たところで宿を探している』と伝えたんです。するとその人が滞在している宿のルームメートが1週間部屋を空けるので、『泊まっていいよ』ということになって」

翌日に連絡してその宿に向かうと驚いた。

「なんとそこは、布施忠さんという、僕らにとっては神のようなトッププロスノーボーダーの方が暮らしていた宿だったんです。そこから僕のカナダが始まり、気づきました。やっぱりな、動いたらうまくいくんやと」

ウィスラーで学んだ地域の価値

清水さんに聞いてみたいことがあった。地域の可能性を見極める目やビジネスセンスをどうやって身につけたのかと。

「それはやっぱり外に出た経験ですね。スノーボードでこれだけいろんな地域を見てきたら、さすがに地元のいろんなものが武器やと思えるようになりますよ」

ウィスラーも元は何もない田舎町だったが、今では世界中から観光客を集めるスノーリゾートに発展している。

「元は何もなかったというか、ウィスラーにはそれだけのポテンシャルが元からあったんです。その価値を開発でさらに高めたというか、戻したというか。僕が西浅井でやろうとしていることもそれに近い」

地域にないものを無理に生み出そうとするのではなく、すでにある価値に光を当て、再定義する。真冬のジビエイベントもそうだ。地元の人にとっては面倒な雪を外の目で価値づけし、ジビエと組み合わせることで人を呼べるイベントに昇華させた。その考えの背景にウィスラーでの経験があったのだ。

「外に出ることで物価高も、為替差益を経験したという意味でFX（外国為替証拠金取引）も自然と学べたんです。これは特別なことではなくて、たとえば西浅井で子どもの頃に『あっちの空が曇ってきたらそろそろ雨が降るな』とか、そんな肌感覚の学びと変わらない。西浅井で子ども時代に経験したことも、カナダや日本全国で経験したことも同じ路線で、そのまま大人になっただけです」

フィールドが違うだけで物事の本質は同じ、ということなのだろう。

北海道に飛び出した行動力

清水さんの活動で一貫しているのは、とにかく行動し、そこでの出会いから次の展開が生まれていること。

「僕が小学生時代にスノーボードを始めたときもそうですね。おかんにスキー場まで送ってもらい、誰に教わるでもなく大人が滑るのをリフトからずっと見て。それでうまい人の後ろについて滑りながら覚え、声をかけて仲良くなって教えてもらって。そんな繰り返しで上達していったので」

その行動力は、プロスノーボーダーを目指していた高校生時代にも活かされた。高校2年生のとき、通っていたプロショップの経営者から「学校を辞めてニュージーランドに行け」と勧められた。

「でも辞めるのはさすがにヤバいやろと（笑）。すると『住み込みで北海道に行くお客さんがいるから、車で連れて行ってもらって一緒に住め』と言われて。『行きます！』と即答し、後日車に乗せてもらい、フェリーで北海道に渡って、そのお客さんの家にお世話になって練習する日々を過ごしました」

一見すると突発的な行動に見えるけれど、その逆だ。

「高校1年のとき、1年間の3分の2の出席日数をクリアすれば進級できると知ったんです。北海道に行ったのは高校2年の3学期でしたが、計画を立てて出席日数をクリアしていたし、学期末テストは帰

ってきて受けたので問題なく進級しました」

その用意周到さを裏づけるエピソードも。

「北海道への遠征以外は無遅刻・無早退を続け、テスト2日前には西浅井に帰り、友だちに事前に頼んでいたノートをすべて写してテストに臨みました。さらに学校の様子は友だちからメールで逐一報告を受けていたんです」

行動力の背景に緻密な計画力あり――これが清水さんの本当の姿なのだ。

道の駅の旗振りで学んだしくみづくり

行動を支える計画性、そのヒントも学生時代にあった。

清水さんは中学1年生のとき、職業体験で「道の駅」を希望している。理由は「お金儲けがしたかったから。

「野菜を売ってもいいと言われたので、地元でタダで分けてもらった野菜を道の駅に持っていったんです。ところが平日ということもあってお客さんが来ない。これはまずい、と思ったときに目についたのがのぼり旗でした」

中学生の清水少年は考えた。

(職業体験をしている自分たちはみんな中学校の体操服を着ている。この旗を道端で振ったら興味をもってもらえるのでは――)

そこで旗を抜いて国道沿いに立ち、大きく降り始めた。

「すると通り過ぎた車がストップし、うぃーんって戻って来たんです。そして『中学生が旗を振っているからなんだろうと思って』と。その人に説明すると道の駅に来てくれて、野菜を買ってくれました。ほんまに売れるんや！　って興奮しましたね」

コツを得た清水少年はまた国道に戻った、わけではなかった。

「10人ほどいた同級生全員に道端で旗を振らせて、僕は一人で道の駅に残り、野菜を売ることにしたんです（笑）。そしたら人がたくさん入ってきて、見事に完売しました」

この原体験の意味を理解したのは大人になってからだった。

「大富豪のヒントをまとめた本に、自分が売るのではなく、しくみをつくって人に発注せよと書いてあって。それを読んだとき、僕が道の駅でやったのは売るためのしくみづくりだったんだと答え合わせができました。中学時代も大人になった今もフィールドやマーケットの規模が変わっただけで、やっていることは変わりません」

振り返ると、小学生時代にも商売人の片りんを見せていた。

「ローラースケートや遊戯王などの流行りものを僕がいち早く見つけ出して遊び倒し、友だちに教えたり売ったりしていました。すると友だちも嬉しいし、僕は売ったお金で次の流行りものを手にできる。みんなウィンウィンですよね（笑）」

そんな商売人気質は「ＤＮＡ」と言う。

「家業が建設業の家に生まれたのが影響していると

思います。『お前のじいさんにはお世話になった』とずっと言われて育ったので。後々理解することになる近江商人の『三方よし』につながる世間よしの鑑《かがみ》のような人だったようです」

叩き込まれたビジネスマインド

高校卒業後はアルバイトをしながらスノーボード漬けの日々を過ごした。スポンサーをつけて日本各地を転戦し、22歳でカナダへ。その後怪我でプロの道を断念し、帰国した際にやったのは「社会人経験を取りに行く」こと。

「じいさんがつくった㈲清水建設工業を継ぐために地元に還りましたが、スノーボードしかしてこなかった社会不適合人間やったので(笑)。社会のルールを自分に叩き込むために外飯を食うことにしました」

西浅井から車で20分ほどの福井県敦賀市にあるスノーボードショップの前を通った際、求人の張り紙を発見。早速電話をかけ、面接を経て採用に至った。働き出して3日目に社長から正社員を打診され、以降、激務の7年間を過ごすことに。

「ショップだけでなく、飲食店など多角経営をしている会社で、正社員になった以上、すべての業種の仕事を担ってほしいと社長から告げられて。『これが社会というものか』と思いましたが、せっかくなので多角経営のすべてを盗んでやろうと猛烈に働きました」

ショップや飲食店、他の業種、お金の管理も含めて商売に必要なあらゆる経験を積んでわかったことがある。

「それは職種や業種が変わっても、ビジネスの本筋は同じだということ。小中学校でやってきたことも含めてすべての点がつながり、Uターン後の家業の経営やONE SLASHの活動に役立っています」

かくして清水広行という人が形成され、以降、西浅井をかき回すことになったのだった。

Point of Action

人が変われば、地域が変わる

「企業」と同じく、「地域」も人の集合体。

外に出て学べ。

地方に閉じず、物事の本質をつかみ、新たなフィールドで活かせ

動き出すと、動き出す。

緻密に計画し、ノリで行動すれば、次の展開が開けていく

EPISODE 6

米づくりを〝祭り〟に変えた

【RICE IS COMEDYの誕生】

農業を最高のエンターテインメントに

ONE SLASHのメンバーで始めた米づくり——そのフェーズが変わるきっかけのひとつがビジネスグランプリだった。

2019年3月、長浜で活動する大川千里さんから「地方創生ビジネスプランコンテスト」（セイノーホールディングス㈱主催）の情報を得て、応募期限が1週間後に迫るなか、参加することにしたのだ。

「僕たちが目指したのは、農業の〝きつい、汚い、儲からない〟のイメージを払しょくすること。そこ

で『地元の農業を最高のエンターテインメントにして、儲かる農業に変える』というビジネスプランを考えました」

地域や農業には、少子高齢化や担い手の減少、耕作放棄地の増加、米の価値の低さ、農家の低所得……といったさまざまな課題がある。それらの課題に対して「就農者を増やす」「耕作放棄地を減らす」といった直接的な働きかけで解決を目指すのではなく、コメディ映画を観たあとのような100％楽しめる農業を打ち出し、地域や一次産業全体のムードを変えよう──そんなコンセプトを掲げたのだ。

3月14日に書類が完成し、応募。すると全国50か所以上の中から本選に出場できる10組に選ばれた。

写真：山崎純敬（SHIGAgrapher）

写真：山崎純敬（SHIGAgrapher）

そして3月16日に東京で開かれた本選でプレゼンをおこない、見事、準グランプリを獲得したのだった。

「正直、本選に選ばれるとは思っていなかったんです。だから資料づくりがめちゃくちゃ大変でした。でも、この受賞で僕たちの農業や米づくりに箔がつき、農業×エンターテインメントのあわせ技で西浅井や一次産業を明るく盛り上げる活動に力を入れていきました」

受け継いだ職人魂

農業イベントや田んぼフェス、イギリスの喜劇王チャールズ・チャップリンの姿でおこなう米づくりなどのプランを考えていたONE SLASH。そのうちチャップリンと滋賀県との意外な接点が見つかった。

「コンセプトづくりを手伝ってくれていた柴田玄一郎さん（通称玄ちゃん：現代芸術家、動くスナック「アポロ号船長」）がチャップリンについて調べてくれて、愛用のステッキが滋賀県草津市の伝統工芸品『竹根鞭細工《たけねむちざいく》』だとわかったんです」

ところが情報が少なく、職人とつながるための手がかりがつかめない。そこで2019年3月31日、清水さんは行動に出た。自ら工場の住所を調べて訪ねたのだ。すると、すでにステッキを手がけた職人は亡くなっており、後継者不足から工場も廃業しているとわかった。

「それでも奥さんが親身に話を聞いてくださり、そこまでして西浅井から来られたのなら……と、遺品のステッキを見せてくださったんです」

後日、娘さんの在宅時に改めて訪問すると、

「職人だったお父さんがどのような思いでステッキをつくられていたのか、娘さんが話してくれました。それだけでなく、思いだけでも受け継いでもらえたら父も喜ぶと思う……と、遺されていたステッキを僅かな金額で譲っていただいたんです」

動けば結果がついてくるという、これまで何度も経験してきたことが確信に変わった瞬間だった。

思わぬかたちで、チャップリンも愛用したステッキを託された清水さんたち。

「自分たちだけの思いでやってきた農業の取り組みに、初めて人の思いが乗っかった瞬間でした。職人さんの思いも詰まったステッキを譲り受けたからには、自分たちならではの農業をやるしかない、そうやってコンセプトが固まっていきました」

RICE IS COMEDYの誕生

そうして誕生したのが、本書のタイトルでもある「RICE IS COMEDY（米づくりは喜劇だ）」というコンセプトだ。チャップリ

チャップリンも愛用したステッキ。ご家族の元に遺されていた6本すべてを譲り受けた

写真：山崎純敬（SHIGAgrapher）

ンが残した言葉「ライフ・イズ・コメディ（人生は近くで見れば悲劇だが、遠くから見れば喜劇だ）」が手がかりになっている。雅也さんが説明する。

「米づくりをしていると、目先ではしんどいことが頻繁に起こるんです。たとえば苗を枯らす、台風の被害に遭う、機械が壊れるなどです。でもみんなで助け合って乗り越え、収穫が終わるとすべてが笑い話になってしまう。もちろん時代背景は異なるけれど、チャップリンの言う人生と、僕たちの米づくりには近いものがあるのかもしれへんなと。目先のハプニングにとらわれずに、僕たち自身が米づくりを楽しむことで農業課題の解決を目指したい――そんな思いをRICE IS COMEDYという言葉に込めました」

　こうして生まれたコンセプトを体現するため、当時、面白い取り組みにチャレンジしている。映画米づくりだ。

「稲に音楽を聴かせる音響栽培の映画版です。苗箱にポップコーンを置いて、稲が発芽する前の種もみに喜劇映画を見せる試みもしていました」と清水さん。

　チャップリンから導き出されたコンセプトそのままに、〝コメディ映画を観たあとのような1000%楽しめる農業〟を仕掛けながら、農業のマイナスイメージを払しょくするための模索を続けていった。

車庫をスクリーンにしてチャップリン作品を上映し、稲穂に観てもらう試みも。そんな遊び心も RICE IS COMEDY ならでは

Point of Action

人の心をつかむワンワード＝コンセプトが、社会を動かす原動力になる

課題に直接アプローチするのではなく、ムードを変える「カケルエンタメ戦略」に学ぶ

自分たちの思いに人の思いが乗っかると、地域や社会を変えるコンセプトが生まれる

EPISODE 7

一次産業のムードを変える飛び道具

【ゲリラ炊飯の誕生】

大河ドラマのケータリングにヒント

美味しいお米をつくって売るだけでなく、RICE IS COMEDYのコンセプトを体現できるような、もっと面白い農業の伝え方はないだろうか。そのヒントは映画の仕事にあった。

「大河ドラマの撮影現場のケータリングを頼まれた際、炊飯器でお米を炊いて振る舞ったんです。すると俳優さんやスタッフの皆さんに喜んでもらえて。農業体験イベントでも炊飯器を使うようになっていて、だったらもっと美味しく炊こうということになって」

そこでホームセンターに行ったところ、見つけたのが羽釜だった。

「これでお米を炊いたら炊飯器より絶対うまいんちゃう？　そう思って購入し、薪で炊いてみるとめちゃくちゃ美味しく炊き上がったんです。『じゃあおにぎりにして配ろう！』とみんなで盛り上がりました。これが『ゲリラ炊飯』誕生の瞬間ですね」

羽釜を見つけたことでアイデアが次々に出てきた。

大工で友人の上村真也さんが伊吹山のイベント用につくってくれた移動屋台を使い、そこに羽釜を積んで街中に突然出没するのはどうか？　そして自分たちが育てたお米を薪で炊き上げ、そこに居合わせた人たちにおにぎりを一方的に振る舞うとめっちゃオモロくない？

そうやって〝RICE IS COMEDYらしさ〟を軸に話し合い、前代未聞の企画ができ上がった。

「まさにゲリラ的におこなうイベントなので、ゲリラ炊飯。このネーミングを思いついたのは僕です。ただのノリ、ただの響きで」と清水さんは笑う。

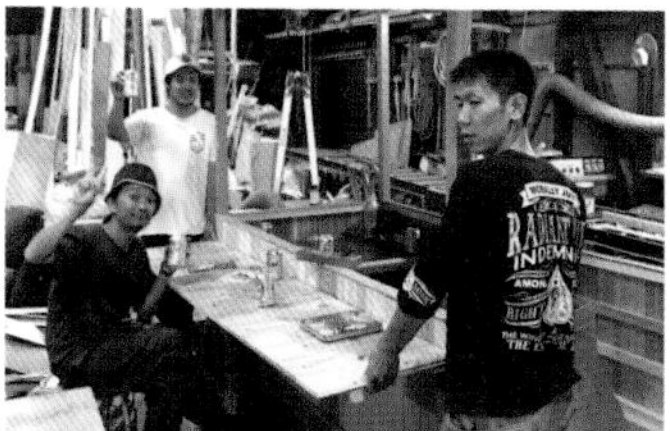

移動屋台の製作の様子。真也さんはライダーハウス「日本何周」の土間の改修も手がけた

「今から通りま〜す」

2019年6月13日、初めてのゲリラ炊飯の場所として選んだのは、長浜市の観光名所の黒壁スクエア。市役所で許可を取った以外は文字どおりのゲリラ開催だ。

「『今から通りま〜す！』って言いながら移動屋台を引っ張ると、なになに？　と人だかりになって。おもむろに羽釜を用意して薪で米を炊き、おにぎりを振る舞うと『美味しい！』『甘みがある！』とみんな喜んで食べてくれました」

なかでも嬉しかったのが子どもたちの反応だ。

「その後のゲリラ炊飯でもそうなのですが、お米が苦手なお子さんですら、何度も行列に並んでおにぎりを食べてくれるんです。その際にお母さんからよく言われるのは、『普段はお米をあまり食べないのに、今日はこんなに食べてびっくりです』という言葉。それが何より嬉しいですね」

ゲリラ炊飯を境に、「自宅でも子どもが白米を食べるようになった」といった嬉しい報告も届くという。

「お子さんによっては『僕も（私も）お米をつくりたい』と農業に関心をもってくれることもあるのですが、そこまでいくと今度は親が反対し出すんです。『農業は大変やからやめなさい』って。親は農業のことなんて知りません。イメージで反対し、大人が子どものチャンスを奪っている。これが農業のマイナスイメージにつながる理由のひとつだと思います」

だからこそONE SLASHのメンバー自身が米づくりを全力で楽しみ、なおかつ儲けることが大事

黒壁スクエアでおこなわれた初ゲリラ炊飯の様子。戦国の舞台となった長浜らしく、戦国武将も盛り上がりにひと役買ってくれた

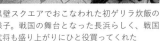

なのだ。

RICE IS COMEDY、ついに全国区に

黒壁スクエアでの成功を受け、10月には長浜市で30年以上続く国内最大規模のアートの祭典「アートインナガハマ」でゲリラ炊飯を決行。するとびっくりするほどの行列ができた。

「薪をくべる様子を子どもたちが興味深そうに見てくれたり、羽釜でブクブク炊いているときに『ええにおいしてる』と話しかけてくれたり。気づいたら、300人くらいの行列ができていました。人が多い場所でゲリラ炊飯をするとめちゃくちゃ並んでくれるのがわかりましたね」

同じく10月には東京のシェアオフィス「MAKITAKI」でゲリラ炊飯を開催。羽釜を新幹線に積み込み、RICE IS COMEDYが地元を飛び出した瞬間だ。

こうして始まったゲリラ炊飯は瞬く間に話題になり、テレビ局や新聞社の取材も入るように。11月には全国ネットのニュース番組で放送され、RICE IS COMEDY／ONE SLASHが全国区になったのだ（ちなみに2022年9月には、「となりの人間国宝さん」「よ〜いドン！関西テレビ放送」でゲリラ炊飯が取り上げられた）。

ゲリラ炊飯×YouTubeという飛び道具の発明

さらに11月には、滋賀県北部の余呉湖のほとりで営むオーベルジュ「徳山鮓」でもゲリラ炊飯を実施。翌2020年1月には徳山鮓で出会った寿司屋「すしとみ」に呼ばれてゲリラ炊飯をおこなうなど、高

YouTube チャンネルの記念すべき１回目の投稿。「ライスイズコメディ」という清水さんのひと言でスタートする

YouTube ではサングラスがトレードマークの雅也さん。視聴者を飽きさせない面白さと役立つ情報発信で人気だ

日本で唯一の建築デザイナー＆書道家の藤井俊二さんに書いてもらった。「ゲリラ炊飯」のエネルギーが力強く表現されている

級旅館や高級レストランと組む機会も増えていった（ミシュラン掲載店からもオファーを受けたが、コロナ禍の影響で延期に）。

こうしてゲリラ炊飯が話題になるなか、この時期に始めたもうひとつの取り組みがYouTube「ワンスラッシュ【ONE SLASH】チャンネル」だ。2019年6月24日に初投稿（黒壁スクエアのゲリラ炊飯の様子）したのを皮切りに、ONE SLASHの活動を発信し続けてきた。

なかでも〝田んぼ大好きまさや〟のネーミングで米づくりの情報発信に励む雅也さんの動画の数々は、同じく田んぼを継いだ人や農業に興味のある人からの人気を広く集めている。

地元や米づくりを全力で楽しみながら、地域や農業を明るく盛り上げたい——そんなONE SLASHの思いや熱量がYouTubeというツールを得て、一気に爆発したといえる。

ゲリラ炊飯×YouTubeという掛け算で、地域や農業、一次産業をポジティブムードに変える究極の飛び道具が誕生したのだ。

ネガティブの近くにはチャンスがある

ところが——活動が話題になっていよいよこれから、というタイミングでコロナ禍となり、ゲリラ炊飯ができなくなってしまった。

「でも逆にチャンスだと思いました。オンラインが当たり前になり、都会でなくてもいい、むしろ田舎に魅力を感じる人が増えたと思います。世界のスピードがゆっくりなうちに、僕たちも準備をする時間をもてたのは大きいですね」

これまでは〝自分たちがオモロいかどうか〟を判断基準に何をやるのかを決定し、やりたくないことはすべて断ってきていた。ゲリラ炊飯の遠征もそのひとつ。しかし世の中が止まっている期間を利用した新たなチャレンジ（80ページ参照）でコロナというネガティブすらもポジティブに変え、すべては物事のとらえ方次第だと再確認できた。

そんな仕込みの期間に準備をしていたことのひとつが「ゲリラ炊飯バス」だ。きっかけは、愛媛県西条市の産直市場「いとまちマルシェ」でおこなわれたゲリラ炊飯だった。

ゲリラ炊飯、第二章開幕

「愛媛でおにぎりサンドのキッチンカーを展開するＳｕｎｌｉｔ（サンリット）さんの投稿をＩｎｓｔａｇｒａｍで見たのが発端です。その活動が魅力的だったので、運営者のＡｒｉｓａさんにＤＭを送り、やり取りをするなかで、Ｓｕｎｌｉｔさんとコラボでゲリラ炊飯をしようということになって」

２０２０年10月9日、４人のメンバーで西浅井を出発し、フェリーで愛媛県へ。そこに待っていたのは、コラボ相手のＳｕｎｌｉｔさんに加え、いとまちマルシェの責任者を務める山地耕太郎さんのほか、現

ゲリラ炊飯は新しい出会いやコミュニティを生み出すハブになれる――この写真の盛り上がりが、そのすべてを物語っている

写真：Sota Mabuchi

地の生産者や加工業者、企業の人たち。なかでも株式会社ひのまる工務店の黒田倫基さんと島本真裕子さんは現地を案内してくれたほか、力強い支援もしてくれた。誰もがイベントに協力的で、現地の産品も惜しみなく提供してくれた。

「前夜祭ではイベントメンバーと飲み明かし、地元の海苔漁師さんとの絆も深まりました。イベント本番では海苔を分けていただき、おにぎりで使う塩も現地で調達。農業法人つくろさんやイナガキ農園さんが野菜を提供してくださって、それを具材にSunlitさんが豚汁も用意してくれました」

気づけば、ゲリラ炊飯のブースの周りには、RICE IS COMEDYオリジナルの米Tシャツを着た仲間が増え、盛り上がりは最高潮に。

「それまでのゲリラ炊飯は自分たちが楽しむことが前提でした。でも愛媛では業界の枠を超えて人と人とのつながりが生まれ、僕らが帰ったあとも地域で新たな企画が動き出している。愛媛でのゲリラ炊飯を経験し、お米で地域の可能性を広げるハブになれる、そう感じたんです」

自分たちが楽しむゲリラ炊飯が第一章なら、新しい出会いやコミュニティを生み出すハブとなり、地域を盛り上げる着火剤になるのが第二章――この「新生ゲリラ炊飯」の活動こそ、「僕たちが本当にやりたかったことだと想像できた」と、清水さんは愛媛のイベント終了後にYouTubeチャンネルで総括している。

新生ゲリラ炊飯の一発目は小豆島へ

ゲリラ炊飯の第二章を具現化するべく、立ち上げたのがクラウドファンディングだ。「ゲリラ炊飯バス」で日本各地を行脚するべく、マイクロバスの購入支

小豆島フェリー
いこ〜で！小豆島
小豆島ゆきフェリーのりば
4.2M旅客定員490名
RICE IS COMEDY

援を訴えた。

２０２２年1月9日にＣＡＭＰＦＩＲＥでプロジェクト開始後、わずか14日で目標額の３００万円を達成。ネクストゴールを設定し、最終的に４００人以上の人たちから５５５万３５００円（達成率１８５％）の支援を受けることができた。

この資金を元手にゲリラ炊飯バスを手に入れ、いざ全国キャラバンへ。その一発目となったのが、裏表紙からレポートをお届けしている小豆島だ。

きっかけは、２０２２年7月におこなわれた京都の日本酒イベント「ＳＡＫＥ　Ｓｐｒｉｎｇ」だった。

「僕たちの隣のブースに出店されていたのが、醤油の専門店『職人醤油』（全国の醤油蔵の商品を１００ミリリットルの小瓶で展開）を運営する高橋万太郎さんと、小豆島で『木桶職人復活プロジェクト』を主宰するヤマロク醤油の五代目・山本康夫さんだったんです。高橋さんと一緒に会場の準備をしていたとき、『小豆島から木桶を運んできたので、担ぐのを手伝ってもらえませんか』と声をかけられて。予想外のデカさと重さに驚きながらも、高橋さんや山本さんと木桶を一緒に運んだのがご縁となり、小豆島でのゲリラ炊飯につながりました」

こうして小豆島を皮切りに幕を開けたゲリラ炊飯・第二章——すでに全国40か所以上からオファーが来ているという（本書執筆時点）。「しかもゲリラ炊飯をするたびに5か所前後増えている」というからすごい。

全国の地域や農業を明るく盛り上げたい——そんな目的から始まったＲＩＣＥ　ＩＳ　ＣＯＭＥＤＹの活動は、今や自分たちだけのイベントではなくなり、日本中から求められる活動へと進化し続けている。

上.高橋さん、山本さんと木桶を運んだ様子もYouTubeに。たくさんの大人が力を合わせても必死になるほどの重さ　下.クラファンで手に入れたゲリラ炊飯バス。「ＲＩＣＥ　ＩＳ　ＣＯＭＥＤＹ」の文字が目立つように大きくデザイン。おにぎりを持ったキュートなキャラクターは、アメリカのヒップホップカルチャーをイメージしたという

Point of Action

ムードを変えるために必要なもの。
それは面白さで
人を釘付けにする
飛び道具

自分たちが楽しむ
ポジティブ
エネルギーが
周りに伝播し、
人や地域をつなぐ
求心力を生む

ネガティブの近くには、
常にチャンスがある。
すべては物事のとらえ方次第

稼ぎ×好き×社会の三軸経営

RICE IS COMEDYの活動が注目されるにつれて、「兼業農家集団による米づくり」のイメージがひとり歩きをし始めた。

これはある意味で狙いどおりといえる。ゲリラ炊飯やYouTubeで米づくりの面白さを全国に届け、一次産業や地域の可能性を感じてもらう。その延長で商品も買ってもらう。〝究極の飛び道具〟が仕事をし始めたのだ。

EPISODE 8

〝好き〟をあきらめるな

【ONE SLASHの全体像】

一方、ＯＮＥ ＳＬＡＳＨの全体でいえば、米づくりはひとつの側面に過ぎない。メンバーそれぞれが自分の「好き」や「スキル」を掛け合わせた仕事に楽しみながら取り組んでいる。

水上さんは不動産部門の「ＥＳＴＥＳＴ」を、翔太さんはアパレル部門の「ＣＩＴＲＯＮＥ」をそれぞれ率い、雅也さんは農業部門の「ＲＩＣＥ ＩＳ ＣＯＭＥＤＹ」のお米生産部隊隊長として農業に励んでいる。

そして清水さんは家業の建設業を本業に持ちながらグループ全体の戦略を組み立て、さらに地域に根を張る実業家として環境・教育事業から脱炭素・再生可能エネルギー事業まで複数のビジネスを動かしている。

何より、ONE SLASHというグループが面白いのは、「稼ぐ事業」「好きや得意を活かした事業」「社会的事業」の3つの柱が時に支え合い、時に入り組みながら成り立っていること。

たとえば水上さんは稼ぎ柱の不動産業を軸にしながら、後述のように地元の西浅井の課題解決につながる活動に今後注力していく。それにプラスして自分の好きなことを仕事にして、雀荘までオープンしてしまった。翔太さんは経験を積んできたアパレルに取り組みながら、地域×アパレルで生み出せる新提案を模索中だ。もちろん雅也さんも大好きな米づくりを軸に自分たちだけの満足にとどまらずに、日本の農業や一次産業を盛り上げようと活動している。

さらに清水さんに至っては、本業、やりたいこと、社会派路線を縦横無尽に行ったり来たりしながら産官学のプレーヤーを有機的に結び付けつつ、地元に成長産業を引っ張ってくるべく奔走している。

地方を拠点にしながらこんなにも面白い活動ができるんだと、ONE SLASHのメンバーは私たちに示してくれている。同じくローカルで活動する者として勇気づけられる思いだ。

二兎を追うものだけが二兎を得る

「子どもの頃って『ケーキ屋さんになりたい』とか、夢をもっていたじゃないですか。でも大人になる過程で無駄な知識を身につけて、あれも無理、これも無理ってあきらめてしまう。可能性をつぶしているのは本人なんですよ」

そう語る清水さんは「僕はこれまでの人生、やりたいことしかやってこなかった」と振り返る。

「だからみんなにも好きなことをやってほしい。お金がないなら出資するし、やり方がわからないならしくみから教える。言い訳を片っ端からつぶしていけば、やる方法は必ず見つかるので」

水上さんをけしかけたのも清水さんだ。

「ONE SLASHを立ち上げたとき、メンバー一人ひとりに『何をやりたい?』って聞きながら、できないという思い込みをひっくり返してきました。水上とも話し合ったし、アパレルショップを立ち上げたしょーたとも。ヤンマーで働きながら農業に取り組むまさや君ともです」

想像力と創造力を失うな

清水さんは発破をかける。

「自分で自分の可能性に蓋をするな。できる、できる、できる」と。

そして悔しがる。

「できない理由ばかり言い出すと、どうした、おい！　って詰め寄ります。子どもの頃のお前はそんな人間やったんか？　違うやろ？　って」

そんな清水さんの口からよく出てくるのが「ソウゾウ」という言葉。

「子どもの頃に秘密基地をつくって遊んだように、ワクワクを思い描いてかたちにしていく想像力や創造力を失わないでほしい。そして欲しいおもちゃを手に入れるために、デパートの床に寝転がって駄々をこねていた、あの執着心を忘れないでほしい」

子どもの頃は無邪気だったのに、大人になると無難になるのはなぜだろう。

「田舎なので限られた仕事しかない、だから外に働きに出る。それって当たり前になっているけど、本来そうじゃないはずですよね。ないなら地元に仕事を創ればいいし、昼間からビールを飲んで稼げたら最高じゃないですか。そんな働き方や暮らし方を主体的に選択し、実現できる時代がすでにきているんです。自分の好きなことや得意なことを組み合わせれば仕事なんて創り出せるし、自分のやりたいことをあきらめる必要なんてありません」

そうやって夢を実現し、好きを仕事にする場所として「西浅井はちょうどいい」と話す。

「旧永原エリア（人口2000人）と旧塩津エリア（人口2000人）で合計4000人。この人口規模感は地域をビジネスの実践場にするには適地だし、二人出会えば誰かが親戚という距離感の近さが、若手の活動を応援する機運を高めてくれているように感じます。さらに交通の要衝という地の利（175ページ参照）のおかげでスモールの展開だけでなく、外にスケールさせる展開もやりやすい」
　そして何よりの大自然――山、川、里、湖の豊かな資源が、次の時代の成長産業を引き込むカギになっている。

商売の目的は、地域に再投資するため

　だからといって、西浅井だけで商売を完結したいわけではない。水上さんと翔太さんのショップは長浜市の市街地（198ページ参照）にあるし、清水さんは西浅井を飛び出して長浜市、滋賀県、そして東京、さらには世界へと、視野と行動範囲を広げている。

「理由は外で稼ぎ、得た利益を西浅井に再投資するためです。外から資金を引っ張ってきて、地域でオモロい企画やビジネスを立ち上げる。そして外に出して、利益や人を地元に引き込む。そうやって西浅井を盛り上げて、子どもたちが憧れる地域にしたいんです。僕たちに資金を集めるとオモロいことになりまっせ、と言いたい（笑）」

　再投資の具体例としては、ここまでお伝えしてきた地元での数々のイベントはもちろん、RICE IS COMEDYによる一連の米づくりや商品づくり、ゲリラ炊飯、これから紹介していくライスレジンの取り組み（94ページ参照）、米のプラットフォーム化（106ページ参照）など。

　詳細は各ページにゆだねるとして、ONE SLASHが誕生したことで、西浅井が生まれ変わろうとしている。

カケル（×）を生み出すストーリー

　それぞれに好きなことや才覚を活かした仕事に取り組むONE SLASHだが、その根っこにあるのはやはり「地元」という存在だ。水上さんは2023年の抱負をつぎのように話す。

「今年は不動産×農業、不動産×集

落といった掛け算で、地域ならではの土地活用や古民家活用を提案したり、相続・贈与の相談窓口を開設したりといった活動にも力を入れていきます」

翔太さんは地元企業と組んだ新ブランドの立ち上げに意欲を見せる。

「滋賀県東近江市で伝統の柿渋染めを続ける株式会社おおまえさんとコラボし、暮染とよばれる染色技術を活かした新ブランドの立ち上げを視野に入れています」

発端は、清水さんの問題意識だった。

「建設業や農業で汗をかくと生地によってはにおいが気になり、解決策を探していたんです。すると滋賀銀行を退職し、経営コンサルタントとして独立した澤田晃仁さんから、滋賀県に素晴らしい技術をもつ老舗企業があると紹介されたのがおおまえさんだったんです」

2023年に設立70周年を迎えた株式会社おおまえは麻にちなんだ糸や織物の加工のほか、柿渋染めを中心とした染色加工に取り組んできた。柿渋染めとは、天然の渋柿の搾汁を発酵・成熟させたもので糸や生地、製品を染める工法で、日本では千年以上前から継承されてきたという。

柿渋に多く含まれるタンニンは抗菌・防臭・消臭効果のほか、防腐や防水、防虫などにもすぐれ、昔から布や漆器、漁網、建築材といったさまざまなものに利用されてきた。食べられるものが原料なので体にも肌にもやさしく、使用済みの染料は自然に還る。まさにSDGsと呼べる製法だ。

「その伝統ある柿渋染めと、職人で社長の大前清司さんの人柄に魅せられ同社に入社したのが水谷真也さんです。水谷さんはリーバイスに長く勤務したのち、実家の滋賀県にUターンし、今では大前社長と二人で柿渋染めなどに取り組まれています。同じ滋賀県で伝統技術を残そうとする大前社長と水谷さんのストーリーに僕たちが魅せられ、コラボに発展していきました」と翔太さん。

おおまえと組んだ第一弾商品はすでにリリース済み。199ページで紹介している、暮染めによるオリジナル商品だ。これから新ブランドの立ち上げに向けて企画を練っていく予定だ。

不動産×○○、アパレル×○○、

農業×○○というように、ONE SLASHの各事業が地域と組み、課題を解決するためのカケル（×）になる――これが地域で活動するONE SLASHの役割なのかもしれない。それらのカケルは、もちろんONE SLASHの分母の数だけ存在する。

地元の仲間とやるからこそ、遠くに行ける

そして忘れてはならないのが大谷さんの存在だ。メンバー対談では、大谷さんはONE SLASHの太陽ポジション（支柱的存在）と評されている。迷ったときの羅針盤として、大谷さんはこれからも変わらずにその役割を果たし続けていくのだろう。

友だちとのビジネスは難しいといわれることもあるけれど、地元の仲間たちと信頼でつながり、地域を盛り上げようと本気で活動している彼らの姿が多くの人たちの琴線に触れ、ONE SLASHというグループの魅力と人気につながっているのではと思う。

何かあっても最終的には「地元」でつながる仲間たち。そんなメンバーと歩むからこそ、遠くに行くことができるのだろう。

Point of Action

友だちや、仲間と歩むからこそ、できるチャレンジがある。たどり着ける場所がある

自分の「好き」や「得意」を組み合わせれば、仕事はいくらでも創り出せる

稼ぎたい、好きなことをしたい、社会に役立ちたい。すべてをあきらめない三軸経営に学ぶ

EPISODE 9

コロナで生まれた仕込みの期間

【コロナで活動ストップ】

商品開発の具体例

ゲリラ炊飯を始めた頃から、地元企業とのコラボ展開も本格化していった。一例を左側に挙げているのでご覧いただきたい。

ほかにも、高級旅館やレストランへのお米の卸販売も本格的に始めている。たとえば滋賀県近江八幡市にある一棟貸しの料理旅館『旅籠 八…《わかつ》』には２０２０年10月の開業当初からお米を卸してきた。さらに２０２２年4月にオープンしたオーベルジュ「ＳＯＷＥＲ」にも「いのちの壱」の提供を始めている（１４８ページ参照）。

その他、ＯＮＥ ＳＬＡＳＨの事業では２０２０年1月に水上さんの不動産店舗（ＥＳＴＥＳＴ）がオープン。清水さんは２０１９年7月に高野山で開か

2019年7月／ONE SLASH×近江麦酒ビール「RICE IS BEAUTIFUL」完成

滋賀県大津市本堅田にあるブルワリー「近江麦酒」と共同開発。西浅井で育てたお米を原料に加えたクラフトビール。セゾンスタイルで喉ごしが良く、あっさりとした飲みやすい味わい

2020年4月／ONE SLASH×矢尾酒造「鈴正宗 純米日本酒」完成

滋賀県蒲生郡日野町の矢尾酒造と共同開発。ＲＩＣＥ ＩＳ ＣＯＭＥＤＹ産の山田錦を１００％使用した端麗辛口の純米日本酒。きめ細やかな味と繊細な口当たりが特徴

2020年7月／ONE SLASH×つるやパン「特製『まるい食パン』」完成

滋賀県名物サラダパンを手がける老舗のつるやパンと共同開発。ＲＩＣＥ ＩＳ ＣＯＭＥＤＹ産の無農薬コシヒカリの米粉と玄米を生地に練り込んだ食パン。お米特有のもちっとした食感が楽しめる

2022年7月／RICE IS COMEDY×仕立屋と職人「新作法被」完成

ものづくりユニット仕立屋と職人とコラボして法被と羽織を制作。法被は長浜オリジナルである浜ちりめんの製法から生まれた濱ちりデニムを使い、羽織は滋賀県伝統的工芸品にも指定されている網織紬を使用している

れた地方創生会議（「地方創生」をテーマにした全国集会イベント）に招待され、２０２０年1月には滋賀県立大学の授業に登壇している。

こうして西浅井での活動が勢いづいてきた矢先、突如、活動を制限されることになった。

新型コロナウイルスと病

２０１９年6月頃から、ライスバーガーやジビエバーガーなどを扱うバーガー店を地元の道の駅「あぢかまの里」にオープンするべく準備を重ねてきた。

そして２０２０年3月13日にオープンというタイミングで、世界が一変してストップがかかった。そう、新型コロナウイルスである。翌4月7日に一度目の緊急事態宣言が発出され、バーガーショップは休業を余儀なくされた。3年間続けてきた庄村の春祭りも中止になった。

弱り目に祟り目とはこのことをいうのだろう。さらに追い打ちをかける事態が生じた。4月17日、清水さんが肺気胸で入院することになったのだ。

「突然肺が痛くなって、コロナに罹ったと思って病院に行くと、肺が破れていると言われて。おそらく当時吸っていたタバコとストレスが原因です」

4月19日には、矢尾酒造と共同開発した純米日本酒「鈴正宗」の完成オンライン飲み会を控えていた。

「本当は日本酒完成披露パーティーをライダーハウスで開催予定だったのですが、コロナでやむなく中止に。それが悔しくてオンライン飲み会に変更したら、今度は僕が入院することになって。それでもベッドの上からＺｏｏｍ飲み会に参加しました」

ただでは転ばない清水さんである。

世の中が田舎に

時の流れが速すぎると思っていた。

２０１６年にUターンしてＯＮＥ ＳＬＡＳＨを結成し、突っ走ってきた4年間。２０１４年9月の第2次安倍改造内閣発足後の記者会見で「地方創生」

というキーワードが飛び出し、以降、地域への注目が一段と高まっていた時期でもある。

田舎移住に関心をもつ人が増え、地方×イノベーションの文脈でローカルの可能性が謳われ出し、ONE SLASHも地域をけん引する旗手のように扱われることもあった。がむしゃらに走り続け、気づけば体に無理が生じていた。

「僕たちは田舎にいるのに、まるで都会で仕事をしているようなサイクルになっていました。するとコロナになり、今度は世の中全体が田舎のスピードに。自分が止まっても、世間も止まっている。そう思うと安心感が出て、逆にめちゃめちゃ仕込めるわと考えるようになりました」

オンラインに活路

世界はコロナ禍で活動停止する一方、西浅井では何も変わらない日常の日々が続いていた。

「田舎すぎてマスクをしている人は少ないし、そもそも農業をやっていたらソーシャルディスタンスなんて関係ない。世間が止まっているあいだに充電し、コロナ明けに一気にスタートをかましてやろう。そんな新しい解釈ができたんです」

なかでも力を入れたのがオンラインだ。

とくに2020年5月に始めた台湾発祥のライブストリーミングサービス「17LIVE（ワンセブンライブ／日本での通称イチナナライブ）」。これがはまった。

「コロナで農業体験ができなくなり、17LIVEで農作業の様子をライブ配信することにしたんです。すると思った以上に反響があって。最終的に投げ銭だけで月15万円ほどの収入になりました」

さらにライブ配信のインフルエンサーとも交流し、西浅井で少人数の田植え体験を実施。育ったお米を刈り取りのタイミングでプレゼントしたり、RICE IS COMEDYの米Tシャツをライブ配信で紹介し、買った人がSNSで拡散してくれたり。

「オンラインにはオンラインなりの交流の仕方がある、そんな貴重な学びになりました」

そう振り返る清水さんは17LIVEの公式認証ライバーとなり、ライブインフルエンサーとしての影響力も身につけたのだった。

コロナが明け、いざ再出発

2020年5月には、オンラインの可能性を感じるプロジェクトも手がけた。「RICE IS BEAUTIFUL」を共同開発した近江麦酒のビールの売り上げがコロナ禍で急減し、在庫の一掃も兼ねたオンラインセールをおこなったのだ。

「僕たちのクラフトビール『RICE IS BEAUTIFUL』2本と、近江麦酒のおすすめクラフトビール4本の計6本セットを3800円（＋送料）で売り出したところ、YouTubeで公開した1週間後の5月16日に2500本が完売したんです。さすがにここまで早く売り切れるとは思わず、『オンラインもいける』と確信できましたね」

さらに2020年7月には、17LIVEで知り合った福岡県のあまおう専門いちご農家「いちごファームきらら」と組み、共同でクラウドファンディングをおこなった。

「コロナでいちご狩りができなくなり、さらに追い打ちをかけるように超大型台風による洪水被害に遭ったと聞いて。僕たちが少しでも力になれるのであればとクラファンを企画したんです。17LIVEでもアピールし、一定の支援金も獲得できました」

こうしたオンラインでの活動で得た経験とノウハウが、ゲリラ炊飯バスのクラウドファンディングの成功につながっていくのだ。

コロナ禍というネガティブでさえ、仕込みの期間というポジティブに転換し、ひと回りもふた回りも大きくなったONE SLASH。コロナ禍が明けた今、いよいよ再出発の時がやってきたのだ。

完売報告もYouTubeチャンネルでおこなわれた。また「RICE IS BEAUTIFUL」の共同開発に至ったきっかけの話も

Point of Action

コロナという環境変化をもチャンスに変える。その解釈の在り方に、
ピンチを乗り切るヒントがある

転んでもただは起きない。予期せぬ出来事に惑わされず、
動き出す一歩を
常に模索する

オンライン活用の本質的な価値は、
場所(地方)の制約を取り払う
ことにあり

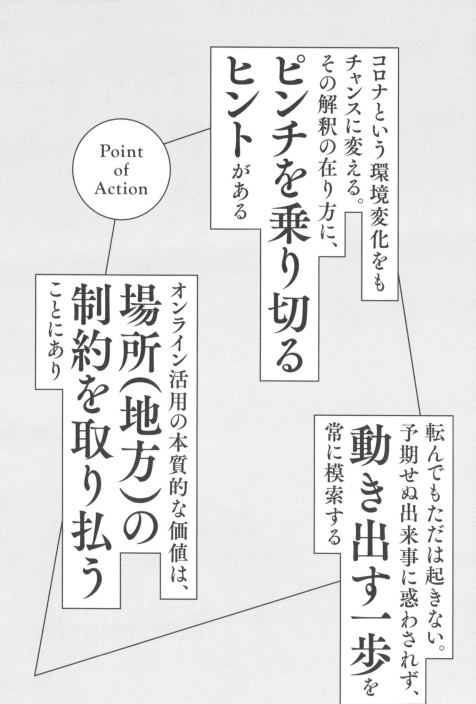

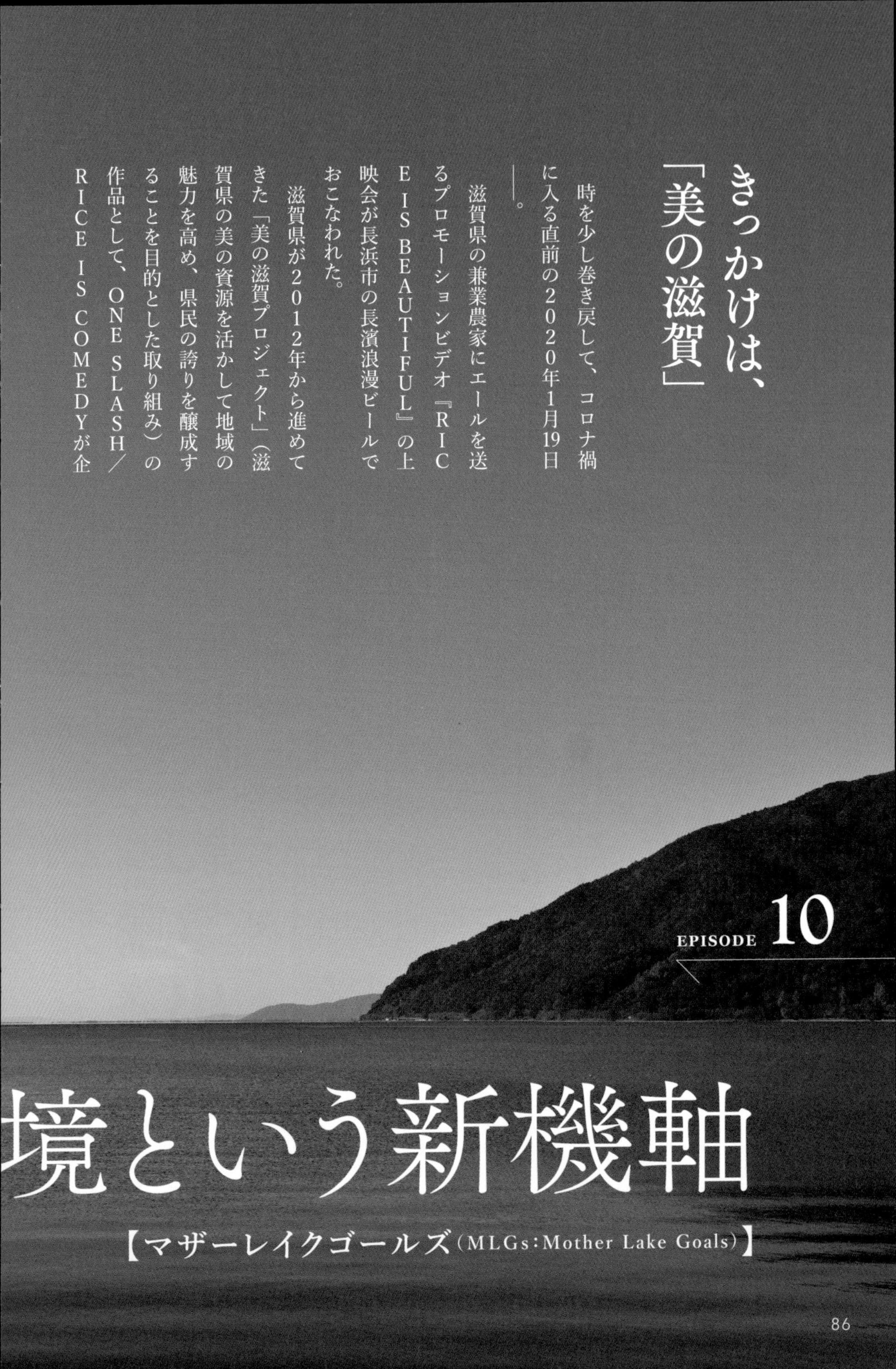

EPISODE 10

境という新機軸

【マザーレイクゴールズ（MLGs：Mother Lake Goals）】

きっかけは、「美の滋賀」

時を少し巻き戻して、コロナ禍に入る直前の2020年1月19日——。

滋賀県の兼業農家にエールを送るプロモーションビデオ『RICE IS BEAUTIFUL』の上映会が長浜市の長濱浪漫ビールでおこなわれた。

滋賀県が2012年から進めてきた「美の滋賀プロジェクト」（滋賀県の美の資源を活かして地域の魅力を高め、県民の誇りを醸成することを目的とした取り組み）の作品として、ONE SLASH／RICE IS COMEDYが企画・制作したPVだ。

ムービーが始まると、軽快な音楽とともに地域の人たちが農作業に励む様子が映し出される。なかでもRICE IS COMEDYらしさが表れているのは、ビジネスパーソンのスーツや看護師のナース服など、各自が本業の服装に身を包んでいるところ。看護師が米の乾燥機に聴診器を当てるシーンもあるなど、くすっと笑えるウィットに富んで面白い。

なぜ本業の服装なのか、その意図は最後の言葉に込められている。

「滋賀県の田園風景は、兼業農家が支えている」

44ページでも触れたように、滋賀県は兼業農家の割合が全国で2番目に高い。普段は本業としてさまざまな仕事に従事している人た

ビジネス×環

ONE SLASH/RICE IS COMEDYが企画・制作したPV『RICE IS BEAUTIFUL』（撮影・編集：西垣龍平 CRAZY ARK BOX）。ヤンマーで働く雅也さんの登場から始まり、大工、看護師、自動車ディーラー……などと続き、不動産業者の水上さんもスーツ姿で登場する

ちが、陰で滋賀県の田園風景を守っている。その役割を称え、兼業農家にエールを送る目的で制作された本PVは、従来の美の滋賀プロジェクトの解釈を超えた作品として審査を務めた大学教授から評価され、ナガハマムービーフェス2019で大賞を受賞。滋賀県をはじめとした多くの人たちに、兼業農家の役割や農業の大切さを伝える契機になった。

そして本作品の制作を機に、RICE IS COMEDYの米づくりに新たな展開が生まれることになった。

琵琶湖があるからこそ、自然の循環が見える

美の滋賀プロジェクトのPV制作は継続事業ということもあり、清水さんは滋賀の自然の象徴である琵琶湖を学ぶために滋賀県庁に足を運び、滋賀県理事で琵琶湖政策・MLGs推進担当の三和伸彦さんを訪ねた。

MLGs（Mother Lake Goals，MLGs／マザーレイクゴールズ）とは、「琵琶湖」を切り口とした2030年の持続可能社会へ向けた目標のこと。いわば「琵琶湖版のSDGs」だ。

このMLGsを推進する三和さんをはじめとした専門家から琵琶湖についてレクチャーを受けた清水さんは、「地元で米づくりをしながら感じて言葉にしてきたことが、琵琶湖システムとリンクしていることがわかった」という。

「琵琶湖システム」とは、森から川、水田、そして琵琶湖に至る循環の中で育まれてきた伝統的な農業や漁業、食文化、水質や生態系を守る人びとの営みといった〝琵琶湖と共生する農林水産業〟の総称をさす。

たとえば琵琶湖周辺の水田は昔から琵琶湖の生命を育む役割を果たしてきた。琵琶湖の固有種ニゴロブナは春になると内湖や水路を遡上し、産卵のために水田にやって来る。そこで滋賀県では化学合成農薬および化学肥料の使用量を慣行の5割以下に削減する（環境こだわり農産物の認定制度）などの取り組みを続けてきた。

このニゴロブナの遡上は弥生時代から続いてきているという。「滋賀に住む僕たちは、琵琶湖があるからこそ、自然の循環を手に取るように感じることができるんです」この「琵琶湖システム」は千年以上にわたり受け継がれてきた世界的にも貴重なものであり、２０２２年７月に世界農業遺産に認定されている。

「マザーレイクゴールズ（アジェンダ）」（マザーレイクゴールズ推進委員会）より

米から一次産業、そして環境へ

「山に雨が降り注ぎ、川となって里に流れ出して田んぼを潤し、琵琶湖へ注がれていく。三和さんや専門家の皆さんから話を聞いて琵琶湖の学びを深めるほど、僕たちの農業もこの循環の一部にある、自分たちの米づくりが琵琶湖を守っている、そう再認識できるようになりました」と清水さん。

　さらに琵琶湖は近畿の水がめといわれるように、琵琶湖の水は滋賀県はもちろん京都府、大阪府、兵庫県でも利用され、水道用水では近畿1450万人が利用する貴重な水資源となっている（滋賀県HP）。そしてその琵琶湖の水は、最終的に淀川を通って大阪湾に注ぎ込まれる。

「琵琶湖・淀川水系の源流である山門水源の森から流れ出した湧き水が琵琶湖に入り、滋賀の出口の瀬田川にたどり着くまでに20年の歳月がかかるといいます。その途方もない自然の循環に思いを馳せると、僕たちも琵琶湖システムの一部として環境について何かできないか、そんな思いが芽生えてきました」

　仮に現役世代が田んぼをやめて、耕作放棄地が増えるとどうなるのか？

「琵琶湖は写し鏡なので、使われない田んぼが増えると里の生態系が崩れ、その先の琵琶湖の生態系にも影響が出てしまう。琵琶湖を中心とした環境を子どもたちの世代につなぐためにも、僕たちの世代が米づくりや農業、さらには一次産業全体を守らないといけません」

　琵琶湖について学ぶうちに、いつしか米づくり（農業）から一次産業、そして環境へと関心が広がっていた。

山門水源の森が源流の大浦川。西浅井を流れて琵琶湖に注ぎ込む。目線の向こうの空が開けた辺りはすでに琵琶湖

MLGsふるさと活性化大使へ

琵琶湖を知るほどに深まる環境への思い。清水さんは琵琶湖の環境をテーマにしたボードゲームや教育のシステムを立案し、自治体に提案するなかで新たな展開を迎えた。

2022年9月15日、滋賀県のマザーレイクゴールズ分野別大使の第1号として、「ふるさと活性化大使」に就任したのだ。

マザーレイクゴールズ分野別大使とは、MLGsに賛同する人の中で、特定の分野で強力にMLGsを情報発信できる人に対して、MLGs達成の一翼を担ってもらうことを目的に滋賀県が設置した制度のこと。環境についての取り組みを滋賀県と進めるなか、清水さんから県に対して「MLGs分野別大使事業計画書」を提案し、第1号に認定されたのだった。

コロナ後の充電期間中にオンラインに活路を見出しただけでなく、アフターコロナのスタートダッシュを切るために、清水さんは着々と準備を重ねていたのだ。一般人としては異例の県の大使に就いたことでONE SLASHの活動に箔が付き、環境事業にも取り組みやすくなったといえる。

「ただし、慈善事業として環境活動をするつもりはない」と清水さんは言う。

自然豊かな西浅井の地の利を活かし、ビジネス×環境という新機軸の構想を描き始めたのだった。

ONE SLASHのプロデュースで制作したドキュメンタリー作品『水と還り、水と生きる』（監督・撮影：佐藤大知　2023年1月）。西浅井町は水源の森から人里、そして琵琶湖へとつながるまち――をテーマに西浅井で暮らす3人の想いを紡いだ作品として仕上げられた。本作品は、映像クリエイターの育成を目的とした「地元サイコゥ！映像祭」で400作品中、佳作を受賞している

滋賀県庁で開かれた、ふるさと活性化大使の委嘱式（2022年9月15日）の様子。ライスレジン製 MLGs ロゴブロックを囲んで

Point of Action

自らの
地域について
徹底的に学び、
得た知見を社会的に価値ある
活動に発展させる

事業を動かすために
必要な肩書きや立場を、
ヘビのしつこさで
獲りにいく

ビジネスに走りすぎない。
社会性に寄りすぎない。
ビジネス×環境という
バランス感覚

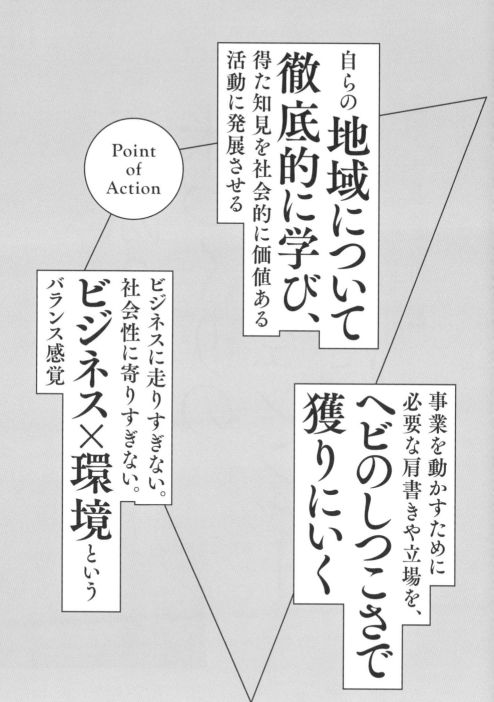

EPISODE 11

資源2・0――米づくりのゲームチェンジャーになりたい

【ライスレジンとの出合い】

農家のプライド

RICE IS COMEDYのブランディングが成功し、MLGsふるさと活性化大使として環境分野にも視野が広がったONE SLASHの活動。その影響は、西浅井の兼業農家にも波及し始めている。

「地域の雰囲気を変えると言っても最初は理解されませんでしたが、僕たちの活動によって現実的に地域が変わり始めたことで、地元のじいさんたちのスイッチが入ってきました。作付面積を広げるために僕らが引き受けようとした休耕田を、『いや、あの田んぼはわしらがやる』って言い出したり。いよいよ、ですね」

その火種は若手にも飛び火し、今年（2023年）は4組の若手就農者に米づくりを教えるという。

「直接的な課題解決より、〝地域のムード〟という川上をポジティブに変えることで自然と問題解決につながる——思ったとおりになりました」

本音を言うと、思うところがある。

「最初は『何を夢みたいなことを』という見られ方や言われ方をしたこともありますが、結果が出始めると『なるほど！』とみんな理解し始める。なんだかなあと思いますね」

それでも、あきらめていた地元農家の意識が変わり、「こいつらには負けへん」というプライドが芽生えると、西浅井の米の品質やブランド価値がさらに高まり、米が売れるサイクルが強化される。何より、田んぼを耕す人が増えると耕作放棄地が減り、琵琶湖システムの保全にもつながっていく。

農業の生き残りとは？

農業や一次産業の未来を考えたとき、よく議論の俎上《そじょう》にあがるのが大規模化か、価値やブランド力を高めた高単価販売か、という二つ。このうち、「そもそも西浅井では大規模化は難しい」と清水さん。「北海道のように数町（1町《ちょう》＝約1ヘクタール）単位やそれ以上に集約できればいいですが、西浅井に

はまとまった広大な農地はなく、1町の10分の1の1反《たん》の単位で区画整理がなされているので大規模化の地の利はそれほどありません」

では西浅井ならではの生き残り策は何か？

「方向性のひとつはリスク分散やと思っています。兼業でも10町の田んぼは世話できるし、自分たちでブランディングして米の価値を高めれば利益も十分出せる。集約&大規模化を目指すより、そうやって本業＋10町の米づくりの兼業で地元の担い手を育てたり、農業に興味のある移住者を呼び込んだりするほうが生き残れる可能性があると思うんです」

そこで足りないのがビジネス視点やエンターテインメント性だとすれば、ONE SLASHの出番だ。

「僕たち自身もそれぞれに本業を持ちながら、全員が兼業農家として米づくりに取り組んでいます。そもそも農業＋アルファのダブルワークでポートフォリオを組む働き方、暮らし方は昔の人たちのスタンダードでした。それが今〝資源〟のある地方でこそ、やりやすい時代になっている。まさに百姓アップデートですよ。何度も言うように答えは歴史の中にあり、それを繰り返しているに過ぎません」

売れるほど、パイを奪っている

しかし、清水さんはジレンマを抱えていた。

「ありがたいことに僕たちのお米はどんどん売れています。でも米の総量（全体消費量）は減っている

ので、僕たちが相場より高い価格で米を売るほどパイを奪うことになってしまう。このことにずっとモヤモヤしてきました」

米の一人当たりの年間消費量は1962年度の118キログラムをピークに減少が続き、2016年度にはピーク時の半分以下の54キログラムにまで落ち込んでいる（農林水産省調べ）。需要の減衰を受けて国策による生産調整がおこなわれ、販売価格も長期で見ると低下傾向にある。

「西浅井の米は地域の宝やと本気で思っています。それをあえてうまさじゃなくて、僕たちならではの盛り上げ方でアピールし、ファンになっていただいた方に適正価格でお届けしてきました。これがブルーオーシャンで、コンセプトどおりなのですが……」

そう言い淀むように、RICE IS COMEDYの本当の狙いは違うところにある。

「僕たちがやりたいのは、農業全体のボトムアップなんです。お米を通して農業全体を盛り上げたり、地域課題や社会課題を解決したり。自分たちだけ、西浅井だけが良ければいいなんて思っていません」

ある地域の活動グループが農業全体の底上げを目指す。規模が大きな話だが、彼らは本気だ。

「総量が減っているなかで自分たちのお米が売れたとしても、縮小する市場の中で消耗戦を繰り広げているだけで、農家全体の収益を上げることにはつながっていません。それどころか、どこかの農家さんのお米が売れ残り、古米になって廃棄されている。なんかおかしい、なんかおかしい……そうやって考えていたとき、目に飛び込んできたのがライスレジンだったんです」

ライスレジンとの出合い

Facebookのタイムラインをチェックしていたときだった。高野山で開かれた地方創生会議に出席した際に出会った人（吉川彰浩さん）が福島県の農業について投稿していた。

「なになに？　って情報のアンテナが反応し、吉川さんがシェアしていたリンクをたどったんです。するとライスレジンの情報が載っていて。『これや！』って閃きました」

ライスレジンとは、食用に適さない古米や破砕米など、廃棄されてしまう米を混ぜてつくられたバイオマスプラスチックのこと（167ページ参照）。この技術を使えば、古米になって捨てられるお米が資源に変わり、社会に役立てられることになる。

さらにライスレジンを開発・販売する株式会社バイオマスレジンホールディングスは休耕田や耕作放棄地などを復活させる目的で資源米の栽培にすでに取り組んでいる。

「ライスレジンの話を詳しく聞きたい！　そう思って吉川さんに連絡し、すぐにバイオマスレジンホールディングスの取締役副社長のナカヤチ美昭さんにつないでもらいました」

後日、吉川さんのセッティングでオンライン会議が開かれた。ライスレジン側の出席者は副社長のナカヤチさん、環境保全ネイチャリストのＭａｋｉＡｓｈｉｓｈ Ｄｅｇｕｃｈｉさん、株式会社バイオマスレジンマーケティングの代表取締役社長・山田眞さん、吉川さんなど5名に対して、ＯＮＥ ＳＬＡＳＨ側は清水さん一人で臨んだ。

「地元での米づくりや農業全体のボトムアップを目指していること、それに伴う問題意識など、僕たちがやってきたことや感じていることを伝えました。すると、ナカヤチさんが『わかった。もう、一緒にやろう』と。このひと言で連携に向けて動き出すことになりました」

清水さんたちがすごいのは、そのオンライン会議の1週間後に、ライスレジンの製造拠点である新潟県南魚沼の地に立っていたこと。清水さん、雅也さん、教育分野で協力関係にある立命館大学の上田隼也さんの3人で乗り込んだ。

「打ち合わせの前日に新潟入りし、ナカヤチさん、山田さん、事務の方と飲みに行ったんです。そこでべろんべろんに酔っぱらって打ち解けて（笑）。翌日に本社で説明を伺い、バイオマスレジングループとの連携が正式に決まりました」

この熱量とスピード感――山田さんの寄稿文（162ページ参照）でも感じてもらえるはずだ。

米の価値の大転換

ライスレジンはお米からプラスチックがつくれる技術的な革新性があるが、農業の視点で見ると「価値の転換」にその本質がある。

「つまりお米の価値を『食べる価値』から『資源の価値』にひっくり返すということです。食べるお米の消費量が減っていくのは避けられないとしても、資源としての新たな活用法が見出されたら、米農家全体の生産量を増やせる可能性が出てきます」

さらに古米や破砕米などの捨てられるお米を使ってプラスチック製品をつくり、その製品の需要が高まれば、資源米としての需要もさらに大きくなる。

「そうやって入口（資源米の生産）と出口（製品化と販売）の両方が機能するようにしくみ化し、ともにボリュームアップしていけば、ライスレジンによって得た収益を農家に還元できるようになる。資源2・0——僕たちは米づくりのゲームチェンジャーになりたいんです」

小豆島でのゲリラ炊飯の様子。ゲリラ炊飯イベントの際には、お米の販売に加えてライスレジンに関するパンフレットや製品も並べている

ライスレジンに興味をもつ人がいると、ライスレジン混合レジ袋のにおいをかいでもらう。「ほら、香ばしいお米の香りがするでしょ？」

そう力を込める清水さんはマザーレイクゴールズのロゴをあしらったライスレジン混合レジ袋を〝とにかく行動〟の精神で自腹で作成。滋賀県草津市で開かれた音楽イベント「イナズマロック フェス」やゲリラ炊飯をはじめとしたさまざまなイベントで紹介し、ライスレジンのブランド化と出口＝製品化の開拓に動き出している。

もちろん、RICE IS COMEDYとしては、今後も食べるお米の質を追求し続けていく。加えて雅也さんが今、力を入れているのが酒米づくり。2019年から山田錦を栽培し、その品質を高く評価した滋賀県高島市の蔵元・福井弥平商店が全量買付を決めた。「獺祭」の旭酒造が主催する「最高を超える山田錦プロジェクト」でのグランプリ獲得も目標のひとつだ。

食用米や酒米の生産と、資源米の生産。この両輪が回り出すと、米の全体価値がさらに高まり、総量アップという目標の実現に近づいていくはずだ。

西浅井を舞台とした資源米の作付け、始まる

2023年春——RICE IS COMEDYとバイオマスレジンホールディングスの連携事業とし

て、西浅井の田んぼで資源米の実験栽培が始まる。出会ってから、たった1年での連携スタートという異例の展開だ。育てるのは、一般的な品種よりも1・5倍の収穫量となる超多収品種「さくら福姫」。通称、「モンスターライス」だ。

「いよいよ、西浅井での本格的な再投資が始まります。ライスレジンはその軸のひとつとして、今後西浅井で環境から教育まで、さまざまなプロジェクトが動き出していきます」

すでに取り組んだ連携事業の例を挙げると、地元の永原小学校での環境授業、環境省・立命館大学と連携した「地域再エネ導入促進及び地域中核人材育成研修」などがある。さらに滋賀県総合企画部CO2ネットゼロ推進課でライスレジン製品が導入され、三井住友信託銀行もライスレジン混合袋を発注。プロバスケットボールチーム「滋賀レイクス」もライスレジンのグッズを作成し、滋賀県立虎姫高等学校にもクリアファイルを納品済み――と続々、動き出している。

聞けば、億を超える投資案件も動いているとか。詳細は、本書の続編となる第二弾書籍に取っておこう。

この資源米の栽培は総量アップのほか、農地保全の目的もある。田んぼは一度放置されて荒地になると、ふたたび農地に戻すために多大な労力がかかる。

「休耕田を利用して資源米を育てておけば、いざ食用米の需要が伸びた際に転用できるんです。食べられないお米を育てることに抵抗をもたれることがあるのも事実。でも、田んぼを守り、農家を守り、日本全体の農業を盛り上げていくために、現時点で考えうる最良の解決策がライスレジン、これが僕の現状での結論です」

2023年4月30日におこなわれた資源米の田植え体験。子どもから大人まで泥だらけになりながら。午後はONE SLASHの活動報告も

Point of Action

地元の人のスイッチが入るのは実績。
「地域が変わった」という実感が人を動かす

「地域のムード」という川上をポジティブに変えると、自然と問題解決につながる

思いを伝える。すぐ動く。
圧倒的な熱量とスピード感が早期の連携を可能にする

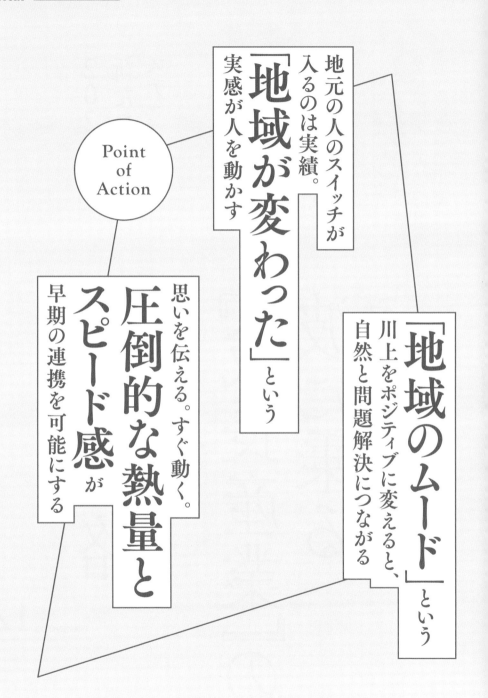

EPISODE 12

生存戦略として『成長産業』の波に乗る

【2023年〜】

2023年、新たなステップへ

2016年にONE SLASHを結成後、地域のネガティブをポジティブに転換しながら地元を盛り上げる活動を続けてきた。その根底にあるのは、自分たちが西浅井を徹底的に楽しむこと。そして商売ありきで地元を盛り上げること。

庄村の春祭りの再興に始まり、西浅井に人を呼び込むイベントの数々、そしてRICE IS COMEDYをコンセプトにした米づくりにゲリラ炊飯……。メンバーそれぞれが好きなことや得意なことを活かしながら本業に取り組む一方、地元を共通項にグループでの活動を続けてきた。

そんな彼らは次第にメディアに取り上げられて人気者となり、活動範囲も西浅井から長浜市、滋賀県、そして全国へ。コロナ禍が明けた2023年は新たなスタートダッシュを切り、ゲリラ炊飯・第二章の幕も開いた。キャラバンバスを走らせながら全国各地を行脚し、地域と地域、人と人をつなぐハブとして、訪れる先々で新たなコミュニティを創り出していくのだろう。

米にフォーカスをしてはいるが、しかしこれはあくまでも戦略。米づくりやゲリラ炊飯、YouTu

beなどの活動を前面に出しつつ、メンバーごとに各領域の事業経営を並行しておこなってきた。それぞれのジャンルごとに本書の続編も期待しよう。

このように、ONE SLASHの活動は軌道に乗ったように思えるが、その本領が発揮されるのはむしろこれからだ。リーダーの清水さんは2023年初頭に公開したYouTubeチャンネルで宣言している。

2023年初頭のYouTubeチャンネル。グループの活動報告がある際にはこうしてメンバー全員で出演し、座談会のように話し合う

「2023年は次のステップに進みたい。それは成長産業に突入するということ」——。

米は、成長産業を引き込むプラットフォームになり得るか

ライスレジンに取り組み始めた2022年から、成長産業についての勉強を続けてきた。

「すると僕たちがやってきた既存事業の延長線上に成長産業がある、すべてのビジネスは一次産業の上に成り立っていると気づいたんです」

清水さんの言う、一次産業の上に成り立つ成長産業とは何なのか？

「それは脱炭素、再生可能エネルギーの分野です。資源が豊富な地方にチャンスがやって来たんです」

2015年、地球温暖化防止のための国際的な枠組みである「パリ協定」が締結された。各国は自国の温室効果ガスの排出削減目標を設定・報告し、地球規模での温暖化防止に貢献することが求められるようになった。

日本政府は2020年10月、2050年までに温室効果ガスの排出を全体としてゼロにする、カーボンニュートラル（二酸化炭素をはじめとする温室効果ガスの「排出量」から、植林や森林管理などによる「吸収量」を差し引いて、合

計を実質的にゼロにすること）を目指すことを宣言。

　これを受けて各地の自治体が計画を立てるなか、長浜市では「ながはまゼロカーボンビジョン２０５０（長浜市脱炭素社会構築基本計画）」を策定。地域で再生可能エネルギーを生み出し、地域で使うためのエネルギービジネスの創出をはじめとした活動に、官民をあげて取り組んでいくことになった。

「脱炭素の取り組みを進めていくための最適地はどこかといえば、風が吹き、山があり、土地があり、自然がある地方です。地方には今、自分たちの足元に眠る資源を活かし、次なる成長産業を創出するチャンスが来ているということです」

　ＯＮＥ ＳＬＡＳＨはこれまでも、すでに地域に存在している宝物に光を当て、利益と人を引き込むための起爆剤にしてきた。その宝のひとつが〝西浅井の米〟であり、米づくりから派生したゲリラ炊飯という飛び道具まで開発している。

　そのゲリラ炊飯の第二章が本格化する２０２３年、すでに清水さんの目線はその先を向いている。地元の米や農業を、成長産業を引き込むためのプラットフォームにしようとしているのだ。

「たとえば琵琶湖システムに組み込まれた僕たちの米づくりを体験化することで観光ツーリズムになるし、資源米を題材にすることで脱炭素の教育プログラムも開発できる。もちろん、西浅井を含む長浜市全体で再生可能エネルギーを推進した際の経済効果は計り知れません。西浅井を舞台に何でもチャレンジできるんだということを子どもたちに示すためにも、僕たちＯＮＥ ＳＬＡＳＨが人口４０００人を丸ごと雇用できるほどの産業を創出してみせます」

　雇用者４０００人のビジネスを地元に生み出す――壮大な話に思うが、ＯＮＥ ＳＬＡＳＨのナンバー２の水上さんも同じ思いを口にしていたのを思い出した。そう、

日本海から琵琶湖に抜ける谷間の立地で風が通り、山、川、里の自然の恵みにあふれた西浅井。チャンスは今、ローカルにある

ONE SLASHは本気なのだ。
そんなONE SLASHの清水さんと活動する株式会社バイオマスアグリゲーションの代表取締役・久木裕さんはこう話す。
「脱炭素や再生可能エネルギーの分野を成功させるためには、現地で活躍するプレーヤーの存在が不可欠です。その点で長浜市はプレーヤーが多く、なかでも清水さんの行動力や人を巻き込む力、引き込む力は群を抜いている。清水さんたちパワフルなプレーヤーとともに、長期目線で活動を続けていきます」

若者よ、今こそ地方を目指せ

脱炭素・再生可能エネルギー分野でONE SLASHと活動を共にする久木裕さん

今都会になっている地域も昔は山や草原、農地がほとんどだった。それを人間が開墾してまちになり、一次産業から二次産業、三次産業へと発展していった。

「歴史をたどると人間の都合で自然を破壊してきたわけですが、自然は放っておいても自分たちで生きていけます。でも、人間は自然から恵みをもらわないと生きていけませんよね」

酸素も、植物の養分も、光のエネルギーを使った光合成によって生み出される。仮に地球上をコンクリートで埋め尽くすとどうなるか。光合成の作用がなくなり、人類は滅びる。

「つまり人間にとって自然は生命線なんです。ではその自然はどこにあるかといえば、地方ですよね。つまり自然豊かな地方でこそ、これからの成長産業を生み出す意義がある。脱炭素は地方の生存戦略であり、成長戦略なんです」

そう考えると、地方に居ることはハンディどころか……。

「もちろんチャンスです。若者よ、今こそ地方に行け！　と強く言いたい」

地方のポテンシャルをあなどるな

都市化が進行し、地方を下に見る風潮が長く続いてきた。

ところが近年、地方の可能性に注目が集まっている。これまで地方に見向きもしなかった有識者の口からも、今では「ローカル」というキーワードが躍る。ずっと地方に根を張っていた私たちにとっては、何を今さら、という気もするが。ローカルの魅力と可能性に気づく人が増えたのは、きっと良いことなのだろう。

そんな愚痴はさておき。12話にわたってお届けしてきた本特集は、そろそろ終わりを迎えようとしている。

ONE SLASHは今、2016年から積み上げてきた数々の経験を土台にして、地域を本気で変えるための新たな挑戦のステージに立っている。今後もポジティブエネルギーで人を巻き込みながら活動を続け、西浅井を子どもたちが憧れる地域に変えていくのだろう。

ローカル×ローカルの本づくりもこれで終わりではなく、むしろ始まり。西浅井がどう変わっていくのか、今後も見続けていきたいと思う。

最後に、全国の地域で活動する、すべての皆さんに、清水さんの言葉を送ろう。

「地方のポテンシャルをあなどるな」

本書が、全国の地域を熱く盛り上げる、その一助になることを願って。

Point of Action

衰退の流れに身を任せず、
地方に居ながら
成長のエスカレーターに
乗る方法を探る

人は自然に生かされているからこそ、
脱炭素は**地方の**
生存戦略であり、
成長戦略である

地方に居ることは
ハンディどころか、チャンス。
若者よ、今こそ
地方を目指せ

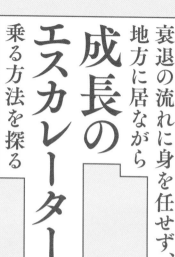

CHAPTER 2

ONE SLASH CREW Profile

HIROYUKI SHIMIZU 清水 広行

MASAYA NAKASUJI 中筋 雅也

KOHEI OHTANI 大谷 耕平

SHOTA TANAKA 田中 翔太

HIROYUKI MIZUKAMI 水上 寛之

CREW ／ 01

SHIMIZU HIROYUKI

清水 広行

∘∘∘

滋賀県MLGsふるさと活性化大使
ONE SLASH／RICE IS COMEDY代表
兼 YouTuber

ONE SLASH
CREW
— Profile —

やったりまっせ！

SHIMIZU'S PROFILE

1986年生まれ。元スノーボード選手。2016年に地元にUターンし地域グループONE SLASH結成。西浅井を拠点に米づくりからまちづくり、環境・教育事業、家業の建設・建築まで実業家としてマルチに活躍。

子ども心にじいさんすげえなって。そんな清水という名前を継ぐために帰ってきた。

僕のルーツの場所は、家業（有限会社清水建設工業）の事務所です。じいさんが立ち上げた場所です。この事務所がなければ僕は地元には帰ってきていないし、西浅井の「庄村」という村が成り立ってないかもしれない。

なぜなら、この村の区画整理をしたのがじいさんだからです。この場所がなければ西浅井の田んぼも今のかたちでは存在していないし、清水広行という人間も、ONE SLASHも存在していない。西浅井のすべてがここから始まった、というと大げさかもしれませんが、僕はそれくらい誇りに思える経験を地元でたくさんさせてもらったので。

地域の人たちから「お前のじいさんにはお世話になった」と言われて育ってきました。子ども心にじいさんすげえなって。だから僕は清水という名前を継ぐために帰ってきたし、今度は自分の子どもたちや地元の人たちに同じような経験を積ませてあげたい。それが西浅井での自分の役割だと思います。

ONE SLASHの活動でいえば、メンバーと月イチでミーティングをするのもこの事務所です。グループの結成当時、みんなで酒を飲みながら「地元を盛り上げるために何をしようか」とわいわい考え、頭の中のアイデアを書き出したのもこの事務所ですし、ONE SLASHやRICE IS COMEDYという名前が生まれたのもこの場所です。ちなみに事務所のホワイトボードに書き出したアイデアはすべて実現させました。さらに新しいチャレンジも、この事務所からどんどん生まれていますよ。

左.庄村の区画整理の航空写真が事務所に
右.昔の帳簿を開くと"えげつない額"の取引記録が並ぶ

上．環境や景観、そして村を守る田んぼが大好き　下．農機具の中でコンバインがいちばんのお気に入り

米づくりは祭りや！

NAKASUJI'S
PROFILE

1980年生まれ。2010年、兼業農家として実家の田んぼを受け継ぐ。2017年ONE SLASHとRICE IS COMEDY®を結成。お米づくりの楽しさを伝える活動をおこなっている。

米づくりの指導を受けられたのも、この倉庫でのつながりがあったからこそ。

僕のルーツの場所は、農業組合の倉庫です。小さいころから父親に連れてきてもらっていたんです。倉庫の景色、におい、機械の音、お米を触った感じ、大人たちの会話……そんな五感を通した思い出が今も残っています。

この倉庫に村の大人たちが集まると罵り合いが始まるんですよ。「お前んとこの米、今年はあかんのお！」「お前んとこの米は倒れてもたるじょ！」って（笑）。そんな会話を聞くのが子どもながらに好きでした。

かまってもらえる嬉しさもありましたね。トラクターの掃除をしているおっちゃんに「何してんの？」って聞くと、「ちょっと乗ってみるか」と運転席に座らせてもらったり。乾燥機から出てくるお米をすくって見せてくれたり。そんなやり取りの中で機械の知識が身についていきました。

田んぼを引き継ぐことになってから、米づくりの指導を村の人たちから受けられたのも、この倉庫でのつながりがあったからです。機械の乗り方はわかるけれど、米づくりの方法については何も知らない。トラクターに乗って右往左往している僕を見かねたおっちゃんが「お前、何がしたいんや？」って聞いてくれて。苗の準備から田植え、稲刈り、収穫後の作業まで、この時期にこんなことをするんやでって、流れをすべて教えてくれました。これからも日本中の地域や農家を盛り上げるために、そして村の人たちに恩返しをするためにも、米づくりに全力で楽しみながら取り組んでいきます。

CREW ／ 02

NAKASUJI MASAYA

中筋 雅也

RICE IS COMEDYお米生産部隊隊長
西浅井を響かせる農家DJ 兼 YouTuber

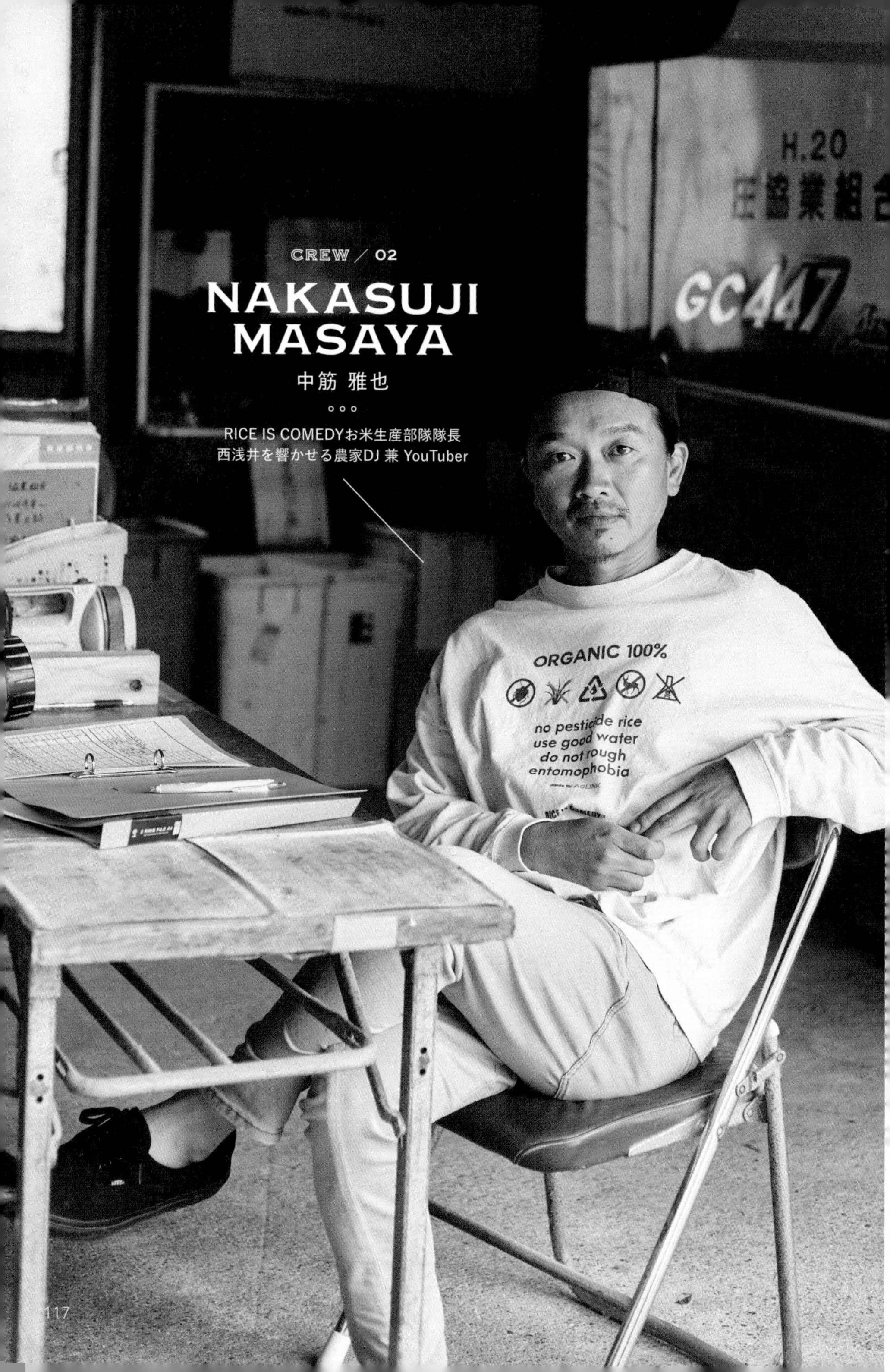

CREW / 03

OHTANI KOHEI

大谷 耕平

ムーンライトシネマ館長
ワンスラの太陽

ONE SLASH
CREW
— Profile —

上.当時の遊び場といえば駅かコンビニだった　下.昔からあったモニュメント。この付近がたまり場だった

今日も自然の中でよ

OHTANI'S PROFILE

1987年生まれ。2023年に脱サラして2024年から本格的にONE SLASHとしての活動を開始。今後は【予定表のない外映画】（仮）などを開催しようと企み中。不思議な謎めいたキャラクター。

何かデカいことをするなら、このONE SLASHのメンバーとやりたい。

僕のルーツの場所は、地元の「永原駅」（JR湖西線）です。ここはみんなのたまり場で、中高校生時代にとくにお世話になりました。何かしらみんなが集まる子どもたちだけの世界であり、家から一歩出て、親から離れる助走期間の場所というか。夜はスケートボードで遊んだり、どこかに行った帰りにこの場所に寝転がってみんなで話をしたり。駅舎の建物は当時から何も変わっていないですね。でも椅子はなかったかな。

ちょっとやんちゃだった高校時代には、こんな思い出もあります。永原駅から歩いて帰っていると、知らないおっちゃんに声を掛けられて、車に乗せてもらって家まで送ってもらいました。あとでわかったんですが、その方は庄村の近く、山門村のお寺の住職さんだったんです。誰かわからないけど、地元の人のことはみんな信用している、そんな高校生でしたね。

ONE SLASHの結成当時のことは、正直それほど覚えていないんです。結婚して、家族優先の生活を送っていたので。でも、このメンバーと一緒に居られる今の時間が幸せで楽しい、そんな気持ちでしたね。

僕はグループの事業に直接かかわっているわけではないのですが、ONE SLASHへの思いをひと言で言うと、「頼もしい」ですかね。何かデカいことをするなら、このメンバーとともにやりたい。このメンバーならできるというより、このメンバーと一緒にやりたい──そんな思いです。

本当にやりたいことは何やろうって、常に原点に戻してくれるのがONE SLASH。

服のことならお任せ！

TANAKA'S PROFILE

1988年生まれ。18歳からアパレルの道に。販売員、バイヤーを経験した後に自身のショップ「C−TRONE」を2022年にオープン。スタイリングやデザインなどもおこない多岐にわたり活動している。

僕のルーツの場所も、この永原駅です。青春時代にいちばん楽しかった場所です。通称「永原名物ロング階段」は、見てのとおりめっちゃ長くて。電車に乗り遅れそうになって急いで走り、よくこけていました。

メンバーの中で僕の最寄り駅だけが隣の近江塩津駅なんです。だから中学時代は毎日、この永原駅を利用して学校に通っていました。休日にこっちに遊びに来るときもそうです。永原駅に着いて、「この階段を曲がった先に誰がいるんやろう」って、いつもワクワクしながら階段を下りていました。時には連れが彼女といるのを隠れて見たり、こわい先輩に遭遇して3時間立ちっぱなしで話を聞いたり。でもそんな先輩たちの服に影響を受けたのがアパレルに進んだきっかけでもあるんです。

今ではONE SLASHの中でアパレルを担当していますが、ここに至るまでにはいろいろ経緯もありました。ずっと働いて好きだったアパレル業界ですが、他の職業のほうがいいのかな？と思った時期もあったり。

でも、ONE SLASHは僕のブレを正してくれる存在です。自分の童心というか、本当にやりたいことって何やろうって、常に原点に立ち返らせてくれるのがONE SLASHなんです。昔は自分のお店を持てるなんて思っていませんでしたが、長浜市内にショップを立ち上げることもできました。将来的には、地元の西浅井でみんなが集まれるスペースをつくりたいなって、そんな思いも描いています。

左．電車を待つときに見ていた西浅井の風景　右．いつも胸を躍らせながら、この階段を下っていた

CREW ／ 04

TANAKA SHOTA

田中 翔太

○○○

アパレル事業部「ＣＩＴＲＯＮＥ」代表
トータルファッションアドバイザー

CREW／05

MIZUKAMI HIROYUKI

水上 寛之

○○○

不動産事業部「ESTEST」代表
卓上のファンタジスタ（プロ雀士）

思いついたら即行動!

MIZUKAMI'S PROFILE

1988年生まれ。25歳の時に不動産業界へ入り、29歳の時に不動産業を立ち上げる。2021年にプロ雀士の資格を取り、翌2022年に長浜初のフリー雀荘「雀荘少年」をオープン。

自分の頑張りが、地域のためになる。ONE SLASHとは、地元がゴールになる存在。

僕のルーツの場所は、地元の駄菓子屋「孫兵衛」です。庄村の隣が僕の地元の中村で、孫兵衛も中村にあるお店です。しみっさん（清水さん）の家の前の道を、中村のほうにまっすぐ進んだ突き当たりにあります。小学生の時から建物は変わっていないですね。

「孫兵衛でツケで買うてきて」って、小さいころから親にお遣いをよく頼まれていました。一か月分のツケが月末にまとめられて、各家に請求が来るんです。そんなしくみは子どもにはわからないので、「ツケ」と言えばタダで手に入ると思っていましたね（笑）。

小学時代に友だちと遊んでいるとき、お菓子やジュースを買いに行くのもいつも孫兵衛でした。大人になってからもです。ONE SLASHのイベント用のビールをツケで頼んだり、缶コーヒーをツケで買ったり。孫兵衛にはお菓子だけでなく、何でも揃っているんですよ。そんな孫兵衛は、昔も今もツケで何でも買える唯一のお店、つまり地域と信頼でつながり合っているということです。

僕にとってのONE SLASHとは、「地元」がゴールになる存在です。他のメンバーと組めば地域は関係なくなりますよね。でもONE SLASHは母体が地域なので、「自分＋地域」になるというか。地元がベースにあると何をやるにもブレないし、しっくりくるんですよ。何より僕自身、育った地元が本当に大好きなので。自分の頑張りが地域のためになると思うと、さらに力が出てくるんです。

左.おっちゃんとの雑談も孫兵衛での楽しいひと時　右.当時から建物も存在も何も変わっていない

Crew's ROOTS IN NISHIAZAI

ONE SLASH地元トーク。

ONE SLASH
CROSS TALK

「俺たちには西浅井が必要だ」

異なる仕事を持ちながら、
グループで活動するONE SLASHのメンバー。
共通項は、西浅井が地元だということ。
帰って来られる場所があるということ。
出身校の長浜市立西浅井中学校に集まり
ルーツについて語り合った。

清水 広行

水上 寛之

大谷 耕平

——西浅井中学校は皆さんの母校だと伺いました。久々に訪れていかがですか？

清水　20年ぶりなのですごく懐かしいですね。世代的には、僕が中学3年のときにこうへいが2年、しょーたと水上が1年。まさや君は僕の6つ上なので誰ともかぶっていない感じですね。

——当時から皆さんは仲が良かったんですか？

水上　しみっさん（清水さん）とは小学生のときからよく遊んでいました。なかでも僕が中学3年から高校2年くらいのときに、家にいちばんよく遊びに行っていましたね。高校2年の年明けなんて、しみっさんちで過ごしたくらい。

清水　僕が地元に居るときはほんま毎日。

水上　しみっさんは2つ上なので車を持っていて。バイト代で稼いだ５０００円を握りしめてスロットに連れて行ってもらったり。僕はプロ雀士の資格を取りましたが、麻雀を教えてくれたのもしみっさんです。あとは深夜のテレビ番組を二人でぼーっと見ることも多かったですね。とくに何を話すわけでもなく。言葉がいらない関係というか。

清水　そうやったなあ。

大谷　僕は小学生の頃、よくつるむ友だちの家が二軒あって。そのうちの一軒がひろゆき（後輩だが清水さんをこう呼んでいる）の家でした。中学時代も二人でよく遊んでいて、ひろゆきの家で水上と同じように何も語らずに二人で映画を観たり。『ＡＫＩＲＡ』とか、『マルホランド・ドライブ』というデイヴィッド・リンチ監督のサスペンス映画を観たのを今でも覚えています。

清水　こうへいが一時期住んでいた京都のアパートにもよく泊まりに行ったよね。

大谷　僕は高校時代にブレイクダンスをやっていて、その影響でレゲエミュージックに出合ったんです。高校卒業後は地元で働いてお金を貯めたあと、京都に出てレゲエの歌い手になりました。その頃やね。京都に何週間も泊まりに来ていたのは。

清水　当時はスノーボード一色の日々やったから。8か月は山にこもり、あとの4か月は働くか、遊ぶか。

大谷　朝起きたら一緒にスロットに行くみたいな。僕は京都に居たときは派遣で仕事して、いただいた給料は音楽には使わず、スロットのほうに。1年ちょっとで西浅井に戻ってきて、今は工場で働いています。

——メンバーの皆さんはチーム内で何かしらの事業を担っていますが、大谷さんは？

水上　ＯＮＥ　ＳＬＡＳＨの事業には直接かかわっていないのが、ここにいる理

由というか。

清水　そうそう。原点回帰ポジション。友だち同士で事業をしていると方向性がブレるときがあるんです。そんなときにドセンターで居てくれるのがこうへいというか。

一同　そう、太陽ポジション。

清水　太陽って誰も触れられないじゃないですか。こうへいもそうで、変に動かそうとしても動かんし、僕らが欲を出してブレたときに指針になってくれる。だからまた原点に戻れる。ブレストッパーというか。

一同　ブレストッパー！（笑）。

田中　僕は塩津小学校に通っていたので、このメンバーでは小学校が唯一、違うんです（他の皆さんは永原小学校）。この西浅井中学校でみんなと出会いました。

――清水さんは学生時代から「大人になったら一緒に何かやろう」と皆さんに話していたと伺いました。

田中　しみっさんがスノーボードから帰って来るたび、「何してる?」って気にかけてくれていて。「一緒に会社を立ち上げて仕事をつくり、地元にお金を落とそうぜ」「やりたいことを見つけていこうぜ」ってよく話してくれていました。

大谷　ひろゆきが地元に帰って来る2年

こうへいは太陽ポジション。
僕らがブレたときに指針になってくれる。
だからまた原点に戻れる。

居酒屋で二人で話した、まさにその瞬間ですね、僕らの始まりは。「よっしゃ、なんかやるで」みたいな。

ほど前やったと思うんですが、福井の会社からもらったというビリヤード台を清水建設工業の資材置き場の二階に置いていたんです。そのビリヤード台を使って「オモロいことしようや」と言っていましたね。その頃から、「地元で一緒に何かしよう」とひろゆきが話していた気がします。

――雅也さんとは少し年が離れていますね？

清水　僕が敦賀の会社を辞めて西浅井に戻ってきて、2か月ほど経った頃、村の寄合いから帰ってきたおかんから「まさや、賞味期限切れのビール飲んでたで」って聞いて(笑)。すぐ電話して「飲もう」ってなって、「何やってるん?」「米やってるで」「めっちゃええやん!」って。

中筋　僕は3年ほど大阪に出たあと地元に帰ってきて、ヤンマーさんにお世話になりながら兼業農家で米づくりをしていたんです。その頃ですね、ひろから突然電話がかかってきたのは。そして言い合

いになったのは（笑）。※34ページ参照

――ＯＮＥ ＳＬＡＳＨ結成に至る決定的なタイミングはいつだったのでしょう？

水上　それはしみっさんと僕が久々に飲みに行ったときだと思います。

清水　僕はスノーボードをしていた20歳の頃から、将来地元で事業をするなら不動産を柱にしようと決めていたんです。日本中を遠征していた当時、冬になるとスキーヤーやスノーボーダーが住み込みで働くので、田舎の空き家がぜんぶ埋まる。「こんなもん、仲介やったらめっちゃ儲かるやん」って。そんなことを思いながら数年ぶりに水上に電話して、「最近何してるん？」って聞いたら「不動産してる」って言うから、「きたー！」って（笑）。

水上　僕は高校卒業後に高島方面に働きに出たあと、地元に戻ってきてヤンマーさんにお世話になっていた時期があるんです。でも本当は何がしたいのか、当時はまだわからなくて、「仕事　稼げる職業」で検索したら「不動産」が上位に出てきて。それを見た瞬間、「よし、不動産をしよう」と決め、不動産業に転身しました。25歳のときです。

清水　その頃やんな、あの電話。

水上　不動産はやった分だけ報われる歩合制で、金額の規模も大きい。「これはすごい、めっちゃ儲かる」と思い始めていたときです。しみっさんから久々に電話がかかってきて、「最近何してるん？」「不動産してる」「おーまじかー！」っていきなり興奮して（笑）。

――そのタイミングで飲みに？

水上　あの電話でしみっさんから「地元で不動産も入れた事業を立ち上げたい」って聞いて、「じゃあ一回ご飯行こか」ってなったんです。それで居酒屋で二人で話した、まさにその瞬間ですね、僕らの始まりは。

清水　「よっしゃ、なんかやるで」みたいな。そうやって、「大人になったら地元で一緒に商売しようや」とわいわい語り合っていた仲間が集まって、２０１６年12月にＯＮＥ ＳＬＡＳＨを結成しました。

――話を伺うと、やはり地元の存在が結束につながっている気がします。皆さんにとって「地元」とは？

中筋　家族、というと照れくさいんですけど。昔はおとんとおかんだけでなく、この村全体のおっちゃんおばちゃんからもよく怒られていたんです。でも父親が亡くなったあとは、今度は村全体のおっちゃんおばちゃんが助けてくれるようになって。僕にとって地元とは、そんな家族のような存在かな。

大谷　自分がいちばん好きな空気という か。うちは家の外で食事をするのが好きなんですが、あるとき長男が言ったんです。都会のタワーマンションを紹介するテレビを見ていたとき、「うちの外のほうがきれいやん。ここがいちばんええわ」って。長男も同じ気持ちでいてくれて嬉しかったです。そういうのもひっくるめて、自分の好きな空気が詰まっているのが地元ですね。

田中　正直、数年前まで地元が恥ずかしいと思っていました。でも、年を重ねると地元の見え方が変わってきて。原点回帰と、宝がいっぱい埋まっている感覚とが混ざり合っているというか。アパレルなんて田舎ではできないと思っていたけど、逆に今は自分の好きなことを実現していけるのが地元というか。

水上　ここではすれ違う人がみんな挨拶するんです。でも高校生になり、地元以外の友だちの家に遊びに行ったとき、すれ違っても挨拶がなかったんですよ。それがカルチャーショックで……。

清水　わかるわぁ、その感じ。

水上　と同時に「あっ、西浅井って特別なんや」って。理由を聞かれても説明できないんですが、西浅井のことがほんまに好きで。出会った人に「地元は西浅井です」って言われたときの興奮がやばい。なんでこんなに好きなんやろ（笑）。

清水　港、ですね。僕らにとって地元とは。かなり長期間、錨を下ろせる場所。出たらいいと思うんです。僕も出たし、これからも出たいんで。でも港は同じやから、みんな帰ってくる。帰って来られる場所がある。だからすべての商売を地元でしようなんて思っていません。しょーたや水上が長浜市内にお店を出しているのも、外で稼いで地元に再投資をするため。僕自身も実業家として地元以外でもビジネスをしているし、すでに目線は海外にも向いている。そのうえでの最終的な目的は何かというと、外で稼いだお金を地元に再投資し、西浅井を盛り上げることです。

――その「地元」で、ONE SLASHとして何をしていきたい？

清水　ここでいけまっせ、ってことですね。つまり僕たちが西浅井でいろんなことにチャレンジし、楽しんでいる姿を見せることで、子どもたちやみんなの希望になりたい。マルシェやジビエのイベントを開いて大勢の人たちが西浅井に来てくれたとき、子どもたちは「この場所がこんなことになるなんて思わんかった」って目を輝かせていました。でも、昔の

西浅井は賑やかやったんです。地方は沈んでいる、そんな虚像にとらわれて何もかも簡素化して。そんなことをしていたら、そらみんな地元から出ていくって。僕たちはこれからも西浅井に根を張りながら、日本中の地域を盛り上げる活動に力を入れるのはもちろん、海外でも勝負できるんだと子どもたちに見せていきます。そんな希望を抱ける体験がたくさんあるほど、「地元」は戻ってきたい場所になる、そう思っています。

希望を抱ける体験が
たくさんあるほど、
「地元」は戻ってきたい
場所になる。

CHAPTER 3

RICE IS COMEDY

米づくりのすべて

庄村で米づくりに賭ける思い

ネガティブなイメージに隠れて
見過ごしていた地域の宝物を掘り起こし、
地元を盛り上げる起爆剤にしてきたＯＮＥ ＳＬＡＳＨ。
なかでも「ＲＩＣＥ ＩＳ ＣＯＭＥＤＹ」をコンセプトに
全力で楽しみながらおこなう米づくりは、
ＯＮＥ ＳＬＡＳＨの活動を支える軸といえる。

米づくりのすべて

RICE IS COMEDY

環境への取り組みも、地域を盛り上げるゲリラ炊飯も、自分たちが農家だからこそ説得力が生まれる。そこで、地元の西浅井で米づくりをする意味や思いについて、お米生産部隊隊長の中筋雅也さんに語ってもらった。

——RICE IS COMEDYのお米は全国にファンが多く、高級レストランや旅館などからの引き合いもあります。西浅井の地は、米づくりにどう適しているのでしょう？

まずは寒暖差ですね。一般に昼夜の寒暖差があるほど、粘りや甘みの強いお米が育つといわれています。北陸に近いここ西浅井は気温の寒暖差が大きいうえに、琵琶湖の源流から湧き出る冷たい水を田んぼに供給できる利点があるんです。山水でも寒暖差をつくれるのはこの土地ならではといえますね。

つぎに、砂地の田んぼでお米を育てられることです。山側に砂地の地層が多い西浅井では、昔から「砂地の田んぼは米がうまい」といわれてきました。理由を調べると、砂地は泥層が浅く、根が伸びづらくて収穫量は減る分、実った一粒一粒に栄養が行き渡るということがわかりました。

そこで僕たちがこだわってきたのが、砂地での収穫量を抑えた米づくりです。日本の水稲《すいとう》における平均収穫量は10aあたり539キログラム（2022年2月28日農林水産省「作物統計調査 作況調査」）ですが、僕たちは収穫量を約200キログラムと半分以下に抑えながら、香りや粘り、甘みの強いお米を育てています。

砂地で栽培している品種はコシヒカリに加え、コシヒカリの突然変異種として生まれた「いのちの壱」という希少米です。いのちの壱の特徴は、コシヒカリの食味や艶の良さをもちつつ、さらに粒が大きくて弾力があるということ。

「生まれ育った集落を見渡せるこの場所が好きなんです」と雅也さん。背景に写るのが西浅井町庄村の風景

美味しいお米をつくるというより お米は本来、美味しいもの

僕たちにとってはコシヒカリのほうが食べ馴染みがあるのですが、ゲリラ炊飯で食べ比べをしてもらうと「いのちの壱」の人気が高いですね。

一方、西浅井の中でも琵琶湖に近づくと泥地の田んぼが多くなります。泥地は根が張りやすく、収穫量が増えるのが特徴です。そこで泥地では、酒米の山田錦やもち米といった加工米を栽培し、収穫量を1・5倍ほどに増やしています。

このように、砂地と泥地の両方に恵まれ、品種のつくり分けができるのもこの土地の良さですね。

——米づくりに適した環境があるなかで、では美味しいお米をつくる秘訣は?

よく聞かれるんですけど、美味しいお米をつくるというより、お米は本来、美味しいものというのが僕たちの考えなんです。

いわゆる〝美味しいお米〟をつくろうとすれば可能だと思いますよ。土の成分を調べ、どういう資材を入れるのかを研究すれば。でも僕は、この生まれ育った地元の米がいちばんうまいと思うし、ここ庄村でつくったお米を全国の皆さんに食べてもらいたい。

だから、大切にしているのは「この土地の米をつくる」ということ。そのためにも、余計だと思えるものは極力、田んぼに入れたくない

んです。ちょっと手助けをするくらいというか。

――「土地の米をつくる」とは？

ＲＩＣＥ ＩＳ ＣＯＭＥＤＹで米づくりを始めた1年目、僕たちがつくったお米の美味しさを可視化（数値化）することになったんです。「西浅井の米は日本全国、そして世界で勝負できる！」とＲＩＣＥ ＩＳ ＣＯＭＥＤＹのみんなで話し合ったとき、最後まで僕が「本当にそうやろうか……」と半信半疑だったからです。

そこで5か所の田んぼで育てたコシヒカリの成分バランスを試験場で測ってもらうことになって。すると、日本のお米の平均点数が65〜70点のところ、僕たちのお米はすべての田んぼで85点以上、なかでもいちばん高い点数は93点という結果が出たんです。

そのときに確信しました。「この庄村という土地がうまいんや」と。そして「せっかく土地がうまいんやから、余計なことはできる限りせず、この庄村のお米をつくりたい」と思うようになったんです。

ではどうすれば、土地のうまさを最大限に引き出すことができるのか。そのための方法を模索し、採用したのが「レンゲ農法」です。

レンゲ農法とは、秋に田んぼにレンゲの種を蒔き、一面レンゲ畑になった春にすき込んで緑肥にする栽培方法です。レンゲには、根っこの根粒菌が空気中の窒素を取り込む性質があります。稲が必要とする窒素成分を貯め込んでパンパンに膨れ上がったレンゲをトラクターですき込むと、土中の微生物が分解してお米に与えてくれるんです。これによって土地の栄養をたっぷり取り込んだお米を育てることができるわけです。

昔はこの地域でレンゲ農法がおこなわれていましたが、手間を避けるために化学肥料に置き換わっていきました。美味しいお米をつくるための農法が、手間を理由に省かれている。「ならば自分たちが昔に戻そう」と、レンゲ農法を採用することにしたんです。僕たちの地元の空気（中の窒素成分）

土地のうまさを最大限に引き出す米づくり

CA 215

西浅井の米は世界で通用する

を栄養にしているところにも惹かれました。今では、基本的にはレンゲのみを使って米づくりをしています。

このレンゲ農法を始めてから嬉しいことがありました。村のおじいちゃんやおばあちゃんたちが「レンゲ畑、懐かしいわぁ。きれいなぁ」と喜んでくれるんです。育てるまでの段階でも、村の人たちの笑顔が見られる。この土地で米づくりに取り組む喜びのひとつですね。

――雅也さんは、Uターンで戻ってきた清水さんと再会するより前から兼業でお米づくりをしていたと伺いました。

この集落では、家と田んぼを継ぐのはほぼイコールなんです。僕の場合は２００９年に父親が亡くなり、そこから田んぼを引き継いで米づくりをするようになりました。父親のつくるお米は地元でも美味しいと評判で、田んぼができなくなった年もたくさんのもち米の注文をもらっていたんです。

ところが、いざ自分で米づくりをしてみると、トラクターやコンバインの乗り方は父親に教えてもらっていたのでわかるけれど、肝心の育て方については何ひとつ知らないことに気づきました。結果、でき上がったお米は散々で……。それでも地元の人たちは前年と変わらない価格で注文どおりに買ってくれました。

それが悔しくて、お米の勉強を本格的に始めていったんです。とくにお世話になったのは集落のおじちゃんたちです。この時期に田植えをして、この時期に刈取って、収穫して……といろいろ教わりながら、牛糞を使ってみるなど自分なりに有機肥料を用いた米づくりを求めていった感じです。

でも、当時は今のような米づくりはできていなかったですね。田植えをして、収穫して、はい終わり、そんな感じです。そこにある

日、奮い立たせてくるやつが登場したわけです。

——清水さんですね。

ひろ（清水さん）は質問を重ねながら、徹底的に掘ってくるんですよ。「……ってことは、それってどういうことなん?」って。最終的に答えに詰まると、「な～んや、その程度か」と（笑）。それが悔しくて、じゃあ調べるかと。まだまだ勉強不足ですが、おかげで米づくりについてだいぶ詳しくなりました。

流通や販売についても同じです。ひろが「西浅井の米は外でも通用する」「価値に見合った価格で売っていこう」と言い出したときは正直、先ほども言ったように半信半疑でしたね。「ほんまにそうやろか」「そんな値段で誰が買うねん」って。でもひろは、「自分たちが丹精込めてつくった米の価値を農家自身が下げてどうすんねん」と。少しずつ、農家としてのプライドに火がついていきました。

——ありがとうございます。そんなRICE IS COMEDYでの米づくりは、グループ全体での活動の軸でもあります。改めて、この地元で米づくりをする意味をどうお考えですか?

庄村の米をつくりたい——そんな思いで勉強していくと、土づくりの大切さに気づいていきました。昔から農家にとって「土」は宝だったんです。僕たちのお米の美味しさを決めているのはまさに

土をつくるということは、自然を守るということ

コンバインで刈取られた稲は農機内部で脱穀され、籾（もみ）となって勢いよく排出される。一年の実りが収穫される瞬間だ

この土地（＝土）ですし、たとえば微生物の多い田んぼは病気になりにくいともいわれている。

　だから昔の人たちは、トラクターのタイヤについて道に落ちた土を田んぼに戻していたといいます。田んぼで出たものは、すべて田んぼに返すんです。僕たちも収穫後に、稲わらをすき込む秋起こしという作業をしていますが、それも土づくりの一環です。

　つまり、米をつくっているというより、土をつくっているという表現のほうがより適切かもしれません。

　そうやって米づくり、土づくりに取り組んでいると、不思議と蛍が増えてきました。そして気づいたんです。土をつくるということは、自然を守ることに他ならないんだと。

　全国的に問題になっている耕作放棄地の増加は西浅井でも当然起きています。使われなくなった田んぼをまた元の状態に戻すのには、最低3～5年はかかるといわれています。耕作放棄地を僕たちが引き受けることで田んぼの保全になりますし、それはまちの景観を守ることでもあり、琵琶湖を軸とした循環システムを守ることにもつながっていく。

　僕たちが地元で米づくりをするということは、山、川、里、琵琶湖のすべてが結びついた自然の循環の一部なんやと。そんなことを意識するようになったし、ぜんぶつながっているんだよと農業体験

（156ページ参照）で子どもたちに話せるようにもなってきました。

――そんな雅也さんにとって田んぼとは？

人をつなぐ場所、人が集まる場所ですね。

毎年ゴールデンウィークの田植えの時期になると、知らない若い子たちの姿がたくさん見られるんです。話をしてみると、この村出身で外に出ているけれど、田植えを手伝いに帰ってきていると。おそらく実家からお米を送ってもらっているんでしょうね。そうやって田植えのシーズンになると若い子たちが戻ってきて、田んぼが賑やかになる。そんな雰囲気がめちゃくちゃ好きなんです。

僕には娘が二人いるんですけど、こうやって庄村で米づくりを

人を惹きつける力がある

続けていくと、将来、娘たちが家族を連れて帰ってきてくれるかもしれないし、この土地が好きでずっと住み続けてくれて、米をつくってくれるかもしれない。

田んぼには、人をつなぐ力がある。僕が地元、そして田んぼが好きないちばんの理由ですね。

――そんな米づくりの様子を「田んぼ大好きまさや」として、YouTubeでも積極的に発信していますね？

YouTubeで意識していることのひとつは知識の共有なんです。僕と同じ境遇というか、急きょ田んぼを継ぐことになった人や、これから農業を始めようと考えている人に少しでも参考にしてもらえたら、という思いです。

あとは、農業ってダサいってイメージを変えたい思いもあります

ね。娘が「とおちゃん、お米つくってるとき、めっちゃカッコいいね」って言ってくれたんです。それで「俺がやってることってそういうことなんか」って気づいて。他の子どもたちや若い人たちにも、人口4000人のまちで農業やってるRICE IS COMEDYって、めっちゃカッコいいねって言わせたい。農業ってもっとカッコよく、もっと面白くできるんじゃないかと思っています。

僕たちが地元を1000%楽しみながら米づくりに取り組んでいる姿が、農業や米づくりのイメージを変えるきっかけになれば嬉しいですね。

——最後に、米づくりでいちばん嬉しい瞬間は?

稲刈りの取材日はあいにくの曇り空。それでも手伝いに来てくれた皆さんとともに作業は急ピッチで進み、無事に終了。お子さんも手鎌を器用に使いこなし、ザックザックと稲を収穫。貴重な経験になったはずだ

お米には、

僕たちがつくったお米を食べた人が、「美味しい!」「もちもちしている!」って言ってくれたときですね。きれいに植えられたときの田んぼの景色も好きですし、機械に乗るのも好きですよ。コンバインで目の前の稲を刈取る瞬間は、巨大バリカンで地球刈ってるわ〜って最高ですしね(笑)。でもやっぱり、目の前の人の「うまい!」のひと言にはかないません。

僕たちはこれからゲリラ炊飯バスで全国を巡っていきます。どんどん地域に出て行って、僕たちの地元やお米のことを知ってもらいたいし、地域とのつながりも増やしていきたい。外に出て伝えるということを、これからもっと意識したいなと思っています。

BE
FUCKIN
RICE

農業をもっとカッコよく、もっと面白く！

report no.1

レストランインタビュー

restaurant interview

湖北の食文化を新たな視点で表現するガストロノミー

restaurant

SOWER

ソウアー

琵琶湖の北岸から広がる湖北の地に
誕生したオーベルジュ「SOWER」。
湖北の食文化を独自の解釈で再構築し、
ゲストに提案する「SOWER」が
RICE IS COMEDYのお米を選んだ理由とは？

同じ“つくり手”としてリスペクトし合いながら、終始なごやかムードで進んだ今回の対談。同世代だからこそ通ずるところも多いのだろう

RICE IS COMEDYが育てた「いのちの壱」を使用するレストラン「SOWER」。料理長を務めるのは、世界一予約の取れないレストラン「noma」のDNAをもつ若き米国人シェフ、コールマン・グリフィンさん。そして独自の目利きで食材を厳選するスーシェフ諏佐尚紀さん。そんなSOWERチームを交え、RICE IS COMEDYメンバーとともに、西浅井やRICE IS COMEDY、SOWERについて語ってもらった。

飲みの席から始まったコラボレーション

清水　今ではレストランと生産者の関係にある僕たちですが、もともとは新潟出身の諏佐くんがSOWERで働くために滋賀に引っ越してきて、最初に飲みに行った〝地元の人〟が僕なんですよね？

諏佐　そうです。このエリアのことを教えてもらおうと、共通の知人を介して飲み会の席を設けてもらいました。その時にRICE IS COMEDYの話題になり「それならちょっと食べてみたい」と、後日お米を届けてもらったのが、当店でRICE IS COMEDYのお米を使用することになったきっかけです。

コールマン　日本人にとってお米は重要な食材。だからこそメニューにはお米料理を入れたいと考えていました。重要なのは絶対的に美味しいお米。SOWERのコン

地域のポテンシャルを示してくれたSOWERが西浅井に在る誇らしさ

セプトは〝湖北〟なので、長浜市・高島市・福井県敦賀市を含めて、道の駅や農家さんからさまざまなお米を集めてテイスティングしました。30〜40種類は食べたんじゃないかな。

「いのちの壱」を選んだ決め手。それは〝一粒一粒の存在感〟

中筋　そんなに!?　そんななかで、僕たちRICE IS COMEDYがつくる「いのちの壱《いち》」を選んでいただいた決め手は何だったんですか？

コールマン　とくに気に入った点は、一粒一粒の存在感です。お米料理ですから、あくまでもお米が主役。白米として食べるのではなく、混ぜご飯や炊き込みご飯にすることを考えると、いのちの壱がもつお米の存在感は大きなポイントでした。

諏佐　コールマンはよくご飯にオイルを混ぜるのですが、いのちの壱はオイルとの相性が良く、粒感がアップする気がします。〝プチプチ感〟という表現は少し違うかもしれませんが、調理をしてもしっかりと粒を感じることができるお米。知り合いだからという忖度はまったくなく、SOWERスタッフで吟味した結果、満場一致で

1

2

3

4

1. ご飯は信楽焼の土鍋で提供　2. 取材時のメニューは「栗と猪のご飯」。もちろん地元で採れた食材だ　3. 栗本来の甘さと濃厚で強い旨味の猪肉を引き立てるのは、RICE IS COMEDYの「いのちの壱」　4. 目の前で混ぜ込むパフォーマンスもご馳走の一部

「いのちの壱」に決まりました。

〝SOWERがここに在る意味〟とは？

清水　僕たちも何度かSOWERで食事を楽しませてもらっていますが、シェフの腕によっていのちの壱の良さをより引き出してくれているのが、生産者としてとても嬉しいですね。何より、「西浅井」という地域のポテンシャルを僕同様に感じる人がいるということは自信につながります。これは西浅井に限らず、他のローカルにも同様の可能性があることを意味しています。地域のポテンシャルを示してくれたSOWERが、西浅井に存在するのは本当に誇らしいことです。

諏佐　私はこの湖北エリアを、滋賀県の中でもとくに特別な場所だと感じています。琵琶湖や山などの風土、古くから脈々と受け継がれてきた歴史文化、きれいな水と空気に育まれた素晴らしい食材の数々と、発酵食品などの独特な食文化。個人的には、今後、地域に根ざした〝リアルな〟レストランにしていきたいと思っています。生産者さんにはより良い食材をつくっていただき、湖北の食文化や郷土料理を僕たちの解釈で再構築できれば、ただオシャレで美味

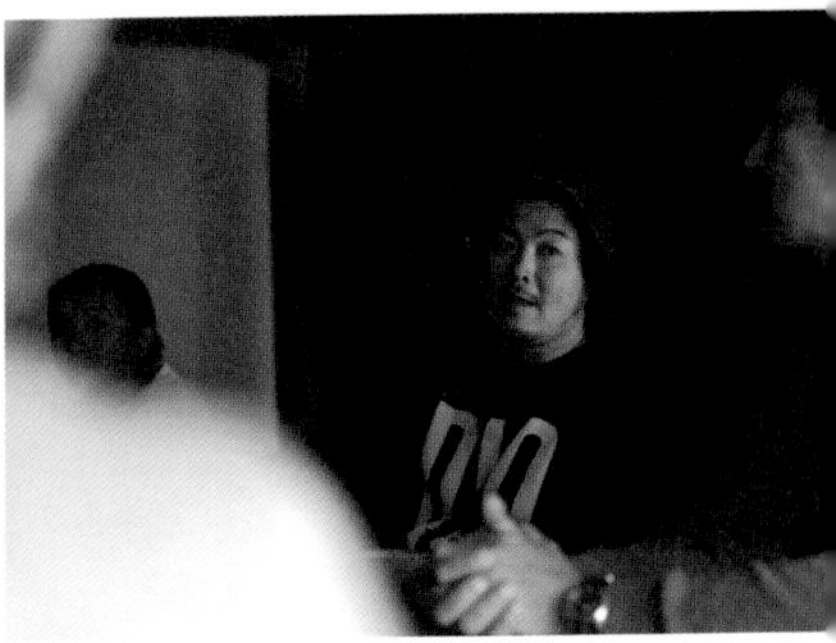

しいレストランというのではなく、もっと〝ここにある意味〟が発信できるのではないかと思うんです。

湖北・西浅井に感じたポテンシャル

コールマン　私はこれまで数々の三つ星レストランで経験を積んできました。2019年に来日し、世界一のレストランといわれるデンマーク「noma」が東京にオープンした「INUA」でスーシェフを務めていた頃、全国各地から東京に集まる素晴らしい食材を見て「自分のまだ見ぬ景色が広がっている」と思ったんです。もっと日本の食文化や食材について知りたい…そんな思いに駆られました。その後、ありがたいことに全国のレストランからシェフとしてのオファーをいただいたのですが、そのひとつがSOWER。西浅井に初めて訪れた時から、この場所のポテンシャルを感じました。豊かな自然と多様な食材に恵まれたこの土地に、素晴らしいレストランがあったらワクワクするな…そう思ったんです。

清水　結果、西浅井に来てよかったですか？

コールマン　もちろん！　スーシェフからシェフへステップアップしキャリアを積むという意味でも、新しくSOWERをオープンさせることは面白いと感じました。シェフとして新しい視点をもち続けることができているのも、西浅井にしかない環境があるからこそだと思います。

諏佐　私もここに来るまで、写真やインターネットで見る限り〝高級リゾートホテル〟という印象で

緑が眩しい芝生ガーデンの先に広がるのは、輝く琵琶湖の絶景！　国定公園内に位置する「ロテル・デュ・ラク」は、約4万坪という広大な敷地面積を誇る。SOWERの料理とともにこの素晴らしいロケーションも味わってほしい

した。しかし実際に来て、泊まって、庭に出て、琵琶湖を見て…。ただそれだけなのにすごく感動したんです。言葉にできない豊かさを感じました。まだ西浅井を訪れたことのない方は、ぜひ実際に来て感じてほしいですね。

コールマン　SOWERは、オーベルジュ「ロテル・デュ・ラク」内にあります。もちろんレストランのみの利用も可能ですが、宿泊もできる。ホテルだからこそ発信できることがあると思っています。

地元でチャレンジする
メンバーの姿が刺激に

清水　実際にSOWERを目指して、全国から、いや世界中からたくさんの人が訪れ、湖北エリアの魅力を知ってくださっている。SOWERが世界と西浅井とをつなげてくれていると感じています。僕たちRICE IS COMEDYの活動のひとつである「ゲリラ炊飯」では、各地で多くの人が集まり、新たなコミュニティが生まれている。RICE IS COMEDYの活動によって人と人、地域と地域がつながる〝ハブ（hub）〟のような存在になれたら…と思いながら活動しています。個人的に、SOWERには僕たちの

豊かな自然と多様な食材に
恵まれたこの地で最高の一皿を

風土を映し出す美しい空間で忘れられないひと時を

思いや役割と通ずるものを感じているんです。

諏佐　そうですね。そうであるためにも、地元の方々にももっとSOWERを利用していただきたいと思っています。そのためにどうしたらいいのかを、スタッフで模索しているところです。

コールマン　私はRICE IS COMEDYに、トラディショナルな場所の中で、若い世代が新しいことをクリエイトしていこうという情熱を感じています。新しいことを起こしていくことは、情報量や知性、起業家精神など、ものすごいパワーとネットワークが必要です。チャレンジする彼らの姿に惹かれるし、私にとって大きなモチベーションになっています。職種は違えど、いい刺激をもらっていますね。

SOWER

住　　所：〒529-0721 滋賀県長浜市西浅井町大浦2064
アクセス：京都方面から JR湖西線経由、永原駅より車で約5分(送迎あり)、東海道新幹線米原駅から北陸本線経由、近江塩津駅から車で約15分(送迎あり)
営業時間：17時30分〜
定 休 日：火・水曜日 ※変更の場合あり
Ｔ　Ｅ　Ｌ：0749-89-1888(受付時間9時〜18時)

求めるのは、いのちの壱の〝極み〟

中筋　ありがとうございます。僕たちRICE IS COMEDYはこれからも生産者としてちゃんといいものをつくっていきたいと思っています。「こんなお米がほしい」「こうしてほしい」といった要望があれば、ぜひ聞かせてほしいです。

諏佐　レストラン的には、いのちの壱の〝極み〟がほしい。「これ以上のいのちの壱はない」と言ってくれたら、僕たちも本気でフィードバックするし、そういう関係になれたらお互いに成長し合えると思います。

清水　そうですね。僕たちは食べてくれる人たちの声を聞き成長していきます。RICE IS COMEDYがつくったお米を届けてくれるのはシェフ。だからこそダメ出しだってしてほしいし、もっと刺激し合える関係になりたいですね。これからもよろしくお願いします。では最後にまさや君から、何か言いたいことは?

中筋　RICE IS COMEDYでは「もち米」もつくっているので、ぜひ料理に使ってください。

清水　営業かい!(笑)。

report no.2

農業体験レポート

agricultural experience report

山・里・琵琶湖を感じる西浅井エコ体験

experience

稲刈り体験

主催：ONE SLASH／RICE IS COMEDY
共催：マザーレイクゴールズ推進委員会

稲刈り、楽しんでや〜

実りの時期を迎えた2022年10月9日（日）、ONE SLASHの地元の西浅井町庄村の田んぼで「稲刈り体験」がおこなわれました。参加者は、子どもから大人まで総勢50名。手鎌で稲を刈ったり、トラクターの体験をしたり、ライスレジンのレクチャーを受けたりと、農業体験を通して山、里、琵琶湖のつながりを体感できる充実の一日をレポートしました。

元気いっぱいに稲刈りをする子どもたち。今日は良い経験になったかな？

田んぼはオモロい！の宝庫

「さあ、稲刈りスタート！」

〝田んぼ大好きまさやさん〟のかけ声で始まった稲刈り体験。稲の中に「宝物」（お昼の抽選会で景品贈呈）が隠されているなどの仕かけがあるのも、米づくりを全力で楽しむRICE IS COMEDYのイベントならでは。子どもたちは我先にと田んぼに飛び出し、慣れない手つきで一生懸命に稲刈りを始めていました。

ONE SLASH／RICE IS COMEDYの主催で稲刈り体験を始めたのは2017年。当初は地元の子どもたちを対象にしていましたが、今や東京や大阪、福岡など全国から参加者が集まるほどの人気イベントに。

この日は地域内外のご家族連れに加え、共催のマザーレイクゴールズ推進委員会からは滋賀県理事で琵琶湖政策・MLGs推進担当の三和伸彦さんの姿も。さらにライスレジン（162ページ参照）を扱う株式会社バイオマスレジン南魚沼・レジン営業部部長の磯井祐さん、立命館 起業・事業化推進室プログラム・オーガナイザーの上田隼也さん、長浜まちづくり株式会社・常務取締役の竹村光雄

刈り取り方を説明する雅也さん。「刃に手を当てたらアカンで〜」

さん、そして地元の滋賀県立虎姫高等学校新聞部の皆さんなど多彩な顔ぶれ。まさに田んぼを中心に多くの人たちが集まるイベントになりました。

子どもたちに学びを押しつけない。一人ひとりに答えがあっていい

この日は午前中の稲刈り体験のあと、お昼には待望のゲリラ炊飯で参加者におにぎりが振る舞われました。午後にはライスレジン袋を使った琵琶湖の湖岸清掃活動ののち、ライダーハウス（184ページ参照）に移動して琵琶湖の環境に影響を与えるマイクロプラスチック問題や、お米由来のバイオマスプラスチック・ライスレジンのレクチャーがおこなわれました。

単なる稲刈り体験の枠を超えたプログラムにしている理由は、山、川、里、琵琶湖のつながりを知ってもらうため。虎姫高校新聞部の生徒さんは田植えや米づくりの学びを本書でまとめてくれているのでご覧ください（168ページ参照）。

このようにイベントの目的はあるものの、清水さんは「何かを狙ってやっているわけではない」と話します。

「それよりも純粋に面白い体験を子どもたちにさせてあげたいんです。もともとは自分たちの子どもに農業体験をさせるとめちゃくちゃ楽しそうにしていたので。だったら地域外の子どもたちにも同じ体験をさせてあげたい、そんな思いで始めたのがきっかけなので」

ではその体験の中から何を学んでほしいのか？

「僕たちが期待したり、子どもた

山、川、里、そして琵琶湖はすべてつながっている

上・中．お昼はお待ちかねのゲリラ炊飯　下．ライダーハウスで環境のレクチャーを受ける参加者の皆さん

YANMAR

TANK

泥だらけになる楽しさを田んぼの中で感じてほしい

ちに押しつけたりするものじゃないと思っているんですよ。それよりも子どもたち一人ひとりに答えがあっていい。滋賀県で生まれ育った人は琵琶湖学習の『うみのこ』と森林学習の『やまのこ』で環境の大切さをすり込まれるわけですが（笑）、子どものときに意味を深く理解できるのかといえば、もちろんそんなことはありません。でも大人になって『あの時の学びはこういうことやったんか』って気づくときがあって。この農業体験に参加した子どもたちも将来、『あのとき稲刈りしたのはこういうことやったんか』って、思い出してくれたら嬉しいですね」

泥だらけを楽しむと、農業の〝汚い〟が〝オモロい！〟に変わる

イベント当日はあいにくの天候だったこともあり、子どもから大人まで足元がドロドロに。それでも雅也さんは「泥だらけになる面白さを味わってほしい」と話します。

「僕たちの子どもの頃はドロドロになっても誰にも怒られなかったし、そもそもみんな汚れていたし、そうやって遊び回るのが純粋に楽しかったんですよ。でも、農業体験イベントに参加してくれたご家族を見ていると、子どもが汚れそうになると親が注意し出すんです。そうじゃなくて、大人が『好きにやれ！』って言ってあげてほしいんです」

　農業のきつい、汚いのイメージを変えるために活動してきたRICE IS COMEDYの雅也さんたち。

「汚れたら洗濯するのが大変、そんな汚い＝悪いことみたいなイメージをつくっているのは大人たちです。農業の〝汚い〟も、結局は大人の都合が生み出したステレオタイプに過ぎません。泥だらけになるのを肯定すると、〝汚い〟が〝オモロい！〟に変わり、農業や米づくりがもっと楽しいものに変わる、そう思っています」

さあ、もっと汚れろ、汚れろ！ そうやって子どもたちを焚きつけているように取材班には感じました。

自分たちが食べるお米を自分の手で刈り取る。山、川、里、そして琵琶湖とつながる西浅井の田んぼで得た経験は、子どもたちの心に刻み込まれ、いつかきっと役立つときがくる。そう願っています。

滋賀県理事の三和伸彦さん

参加者の皆さんが体験したこの田んぼは、地元の人たちが「自分の代で終わらせてはいけない」と今に受け継いできたからこその財産です。地元の参加者の皆さんには、この地域に住んでいる価値を、理屈ではなく心で感じてほしいですね。

子どもたちには、いつかこの先、「西浅井の田んぼで稲刈り体験をしたな」「楽しかったな」と思い出して、いろんな人に伝えてほしい。そして故郷（ふるさと）を大事に思ってくれたら、応援している私たちも嬉しいです。

お米のチカラで世界を変える「ライスレジン®」の可能性

ONE SLASHの農業部門であるRICE IS COMEDYと、国産バイオマス資源を使ったプラスチック樹脂原料の製造販売をおこなう株式会社バイオマスレジンホールディングス。ともに脱炭素や一次産業活性化も見据えて活動するなか、2023年以降、資源米の作付けをはじめとした取り組みの連携がスタートします。

そこで今回、連携のキーパーソンである株式会社バイオマスレジンマーケティングの代表取締役社長・山田眞氏に、RICE IS COMEDYと組む狙いや、お米由来のバイオマスプラスチック「ライスレジン」が解決する社会課題などについて寄稿していただきました。

株式会社バイオマスレジンマーケティング
代表取締役社長　山田眞氏

1961年東京生まれ。1984年大手広告会社に入社。2012年～2018年に新潟の拠点長となり、地域創生の意義・楽しさを知る。その後、全国の地域会社を統括する部門長として、日本各地の営業支援と地域創生業務に注力。2021年9月に広告会社を退職。翌10月より株式会社バイオマスレジンマーケティング代表取締役社長に就任。

新潟で目覚めた地域創生への道

東京で生まれ育った私は都内の広告会社に新卒で入社し、以降は利益や規模の拡大を目指す東京型のビジネスのど真ん中で生きてきました。そんな私が地域創生の意義や楽しみを知るきっかけとなったのは2012年。勤めていた広告会社の拠点長として新潟に赴任した50歳のときでした。

地域で暮らしてみて感じたのです。東京よりも人との距離感が近く、心と心のつながりが深いばかりか、決断のスピードも段違いに速い——と。何より驚かされたのは、地域の名立たる企業のトップが地元への貢献を大切にしていたことでした。自分たちの成長とともに地域の成長を本気で願っているんです。

そんなトップの志に触れて以降、当たり前に存在するものとして磨かれないまま眠っている地域のアセット（自然や観光資源、人びとの温かさ・交流、産物など）や取り組みを磨き上げ、その地域ならではの価値に仕立て、地域創生につなげる活動に力を注ぐようになりました。当時の言葉でいえばCSV経営[※1]ですね。地域でのかかわり合いが、利益重視のビジネスをしていた当時の私を、遅まきながら地域創生の道に引き込んだのです。

その後、ご縁あってバイオマスレジンホールディングスを創業した神谷と出会い、2021年9月付で広告会社を退職。翌10月より現職に就き、RICE－SCOMEDYとの出会いにつながっていくわけです。

全国の産地と連携し、ライスレジンをつくる意義とは？

これは正直に言って、〝西浅井という産地と組んだ〟わけではありません。もちろん、豊かな自然に恵まれ、人が優しく、可能性しか感じない西浅井の素晴らしさは十分理解しているつもりです。しかし、個人の移住地を探しているのではなく、ビジネスパートナーとして連携する以上、相手がどのようなパートナーなのかをまず知ることが大事です。

なかでも私が大切にしたいのは志の高さや熱量、関係構築力などです。その点において、ＲＩＣＥ ＩＳ ＣＯＭＥＤＹの清水広行さんと中筋雅也さん、そして立命館大学の上田隼也さんに南魚沼で初めてお会いした際に衝撃が走りました。

清水さんや中筋さん、上田さんは東京型の発展や成長を目指していないばかりか、地元に胸を張り、地元の楽しみ方を伝え、地元の可能性を広げる活動をしている。そんな彼らを見て、「なんなんだ？なんだこいつらは――？」と、にわかに理解が追いつかないほどだったのです。

しかも、聞けば清水さんや中筋さんは農家でもある。農業の可能性を広げたり、従来の農業の価値観を変えたりする取り組みにも力を入れている。農業の課題から逃げたり、課題をかわしたりしないで

ライスレジンのブースを出展した「イナズマロック フェス２０２２」（２０２２年９月17日～19日）にて。
滋賀県の三日月大造知事や清水さん、中筋さんとともに

真正面から向き合っている。

地域創生や農業問題にこの若さで、そしてそのような志で取り組んでいる人たちとなら、きっと地域や社会のためになる活動ができるに違いない！　そう思ったのが連携の始まりです。ですから、土地から入ったのではなく、人ありきの連携ですね。

全国の産地と連携する意義も同じです。他のエリアにも同じような志をもった人たちは居ると思うので、ライスレジンを通じてより良い未来を創ることにつながる取り組みを進めていく考えです。

滋賀で、産地と組む共創のモデルケースを

人生経験上、常々思っていることがあります。

それはビジネスに限りませんが、「熱量」の高い人と組まないと何事も良い方向に進まない、ということなんです。

とくにビジネスでは、できない理由ばかり並べたてる人との仕事は本当につまらない。保険を掛けているくせにできない理由で正当化しようとしてしまうので、チャレンジがない。失礼ながら、お役所に多いタイプですね（笑）。

サラリーマン仕事（誰にでもできるような仕事）やお役所仕事には人も集まらないじゃないですか。でも、滋賀の自治体の方々はまったく違うんです。自分の意志で物事を進めようという人が多い。月並みな言い方ですが、できないと思うことでも、できるようにしていく強い意志をもった人と仕事がしたいんです。

その意味で滋賀は、清水さんたちや自治体と共に、より良い共創ができるエリアだと感じています。

もちろん、私も「できません」とは言わないようにしています。清水さんは結構、急に無茶ぶりしますけど。

ライスレジンは何をどう変える力があるのか？

単純に、お米が環境負荷の少ないプラスチックに生まれ変わるってすごい発明じゃないですか！

でも、ライスレジンだけで社会や世界を変えていくのは難しいと思います。

清水さんたちと出会った頃の私たちは、いち原料メーカーから社会的企業へと脱皮するために動き始めたタイミングでした。単にライスレジンというお米からつくる環境に優しいバイオマスプラスチック樹脂、つまり原料をつくっているのではなく、社会や地球をより良い方向に、より健康に変えていくための取り組みを強化していこうと——。だから、

●本来は食べられるはずなのに、割れたり欠けたりして廃棄されてしまうお米、古くなり過ぎたお米をフードロス削減の観点からも資源化する

●農業問題を解決する一助になればと、食べるお米だけでなく、資源となるお米づくりにもチャレンジする
●環境への正しい知識が広まらないと生活者の意識も変わらないので、環境教育に関する体験学習や出前授業もおこなう
●製品化して地域独自のお土産やふるさと納税品にして地域創生に役立てる

　など、お米を核とした社会課題や農業問題の解決に向けた取り組みを強化し始めたところだったのです。

　ライスレジンを取り巻くあらゆる活動で世界をより良く変えていこう、という意志のもとに共感・共鳴してくれる人たちの輪が広がっていくことで、少しずつ社会がよくなっていけばいいな、というのが私たちの想いです。

お米の力で社会をより良い方向へ

「お米のチカラで、変える、世界を。」というメッセージを私たちは掲げています。

　これは、お米の可能性を信じるすべての人たちの想い、そしてその製品を使うことで自分も未来の社会に役立つことができるんだという生活者の想いの総和が、きっとより良い世界に変えていく力になる、というメッセージなんです。

「つくる責任、つかう責任」を起点として、より良い未来の実現のために、みんなの意識や地球の環境が変わっていくことを願っているのです。

　実際、私がこうした活動を始めてからまだ1年ですが、応援や期待をしてくれる人たちは増え続けています。それはやはり、「お米」という日本人にとって最も身近で馴染みのある農産物のチカラの賜物です。地元でつくることができる国産のお米を便利な生活用品や文具などにアップサイクルできる、そんな驚きが支えてくれていると思います。

　バイオマスプラスチックということだけでいえば、サトウキビやトウモロコシなど海外からの輸入原料に頼ってきたのが現実です。しかし最近では国消国産の流れもあり、環境負荷を軽減するにしても地域や国内事業者に役立つものを、という考え方や動きが出てきています。

　滋賀県は琵琶湖の存在があるため生活者や企業、そして自治体の環境意識が高い地域です。そんな滋賀に根を張るRICE－IS COMEDYと組み、自治体の皆さんの協力も得ながら、お米づくりからライスレジンの製造・製品化を通じたSX※2モデルが実現できると期待しています。

※1 CSV（Creating Shared Value）経営：企業が本業の中で社会課題の解決に取り組み、経済的な価値と社会的な価値の両立を目指す経営の在り方
※2 SX（Sustainability Transformation）：持続可能性を重視し、企業の「稼ぐ力」とESG（環境・社会・ガバナンス）の両立を図る戦略

ライスレジン®の紹介

●ライスレジンとは？

日本発のお米のバイオマスプラスチックです。食用に適さない古米、米菓メーカーなどで発生する破砕米といった、飼料としても処理されず、廃棄されてしまうお米を、新しいテクノロジーでプラスチックへとアップサイクル（創造的再利用）します。

ライスレジンはお米を最大 70%（製品の用途・必要な強度に応じて混合率は変更になります）まで混ぜることが可能で、石油系プラスチックの含有量を大幅に下げることができます。

原料（ライスレジン®）

●エコフレンドリーな素材

元来地球上にある植物を原料とするため、地上の二酸化炭素の増減に影響を与えない「カーボンニュートラル」の性質を持ちながら、従来のプラスチックと比べてもコストや成形性、強度などはほぼ同等というエコフレンドリーな新時代のプラスチック素材です。

●事例

累計１００万個を突破した赤ちゃんのためのおもちゃシリーズのほか、ゴミ袋やレジ袋、スプーンやフォークなどのカトラリー、歯ブラシや櫛などのアメニティグッズ、クリアファイルやうちわをはじめとした各種グッズなど、ライスレジンを使ったさまざまな製品が生まれています。

ＲＩＣＥ ＩＳ ＣＯＭＥＤＹでも、マザーレイクゴールズ（Mother Lake Goals, MLGs）のロゴ入りレジ袋を作成。今後もライスレジンを活用した製品が続々誕生していきます。

ロゴ入りレジ袋

アメニティ・カトラリー類／ダイヤブロック®／ランチボックス

カーボンの世界への材料のお米作り

◀田植えをした西浅井の田

▲田植え機を操縦する部員（中央）

今、長浜市をあげて脱炭素の取り組みが推進されています。その一環で西浅井の田んぼでバイオマスプラスチック「ライスレジン」用のお米の栽培が行われていると聞き、わたしたち新聞部がライスレジン用のお米作りに挑戦。ここでは6月12日の田植え体験の様子と取材から得た学びをお伝えします。

手と機械の両方で田植えに取り組む

虎姫高校新聞部は２０２２年６月12日、手植えと田植え機を使った田植えの両方を体験した。

手植えでは、部員が手に苗を持って植えた。実際に植えてみると、苗を真っ直ぐ植えたつもりでも列が乱れたり、人によって植える時間や間隔が違ったりして作業にムラができていた。

田植え機を使った田植えでは、部員が運転をした。手植えと比べて、時間も短く、列が真っ直ぐで作業ムラも少なかった。

実際に田植えに参加した川﨑庵志さん（２年）に感想を聞くと「田植えは今回が初めてでした。田植え機を運転してみると、思ったよりも操作が簡単でしたが、真っ直ぐ進むには、少しコツが必要でした。この活動を通じてお米がどうやってできているかが分かって良かったです」と答えてくれた。

魅力ある長浜

インパクトラボ

上田隼也さん

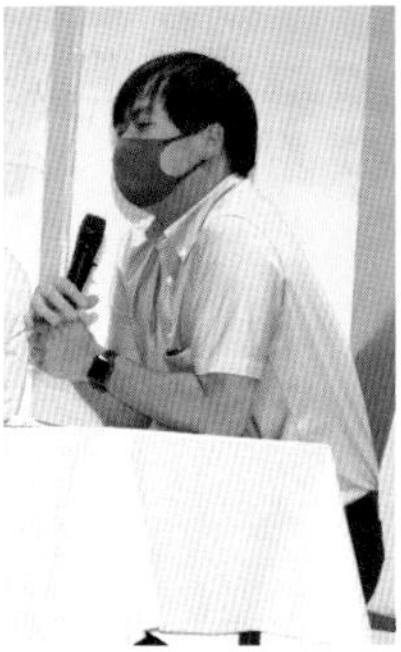

県内の再生エネルギーに詳しいインパクトラボの上田隼也さん。「県南部では再生エネルギーは太陽光ばかり。でも長浜には、水も木も山もあるし、風力発電もできる。太陽光だけでなくいろんな自然を使えるのが魅力」と長浜の魅力を話された。

長浜から ゼロ

西浅井でプラスチック

6月12日田植え

▲ライスレジン用の田植えをする部員たち

部員の感想

プラスチックの材料になるのが楽しみ

初めて田植え機に乗ってみて意外と真っ直ぐ進むのが大変だと思いました。また、手植えも泥に足を取られ歩くのが大変でした。この苗がプラスチックの材料になるのが楽しみです。（1年　鈴木海成）

田植えを通してその大変さを学ぶことができました。田植え後に食べたおにぎりは普段何気なく食べているお米を自分の手で作ることでよりおいしく感じました。（2年　渡辺瑚子）

見ているだけなら気楽に運転できそうな田植え機ですが、真っ直ぐに運転するなど、実はいろいろなことに気をつけなくてはならないことがわかりました。また、その土地ならではの発電方法や最新機器を使った米作りなど地域の取り組みを知ることができ、とても勉強になりました。（1年　杉本和葉）

再生可能エネルギー

自然がある限り使える

エネシフ湖北
桐畑孝佑さん

エネシフ湖北の桐畑孝佑さんは学生時代にCOP（国連気候変動枠組条約締約国会議）に参加し、気候変動に関心を持ったそうだ。

「化石燃料とは違って自然の再生エネルギーは自然がある限りはずっと使える。それを地域で回す仕組みが大事」と話された。

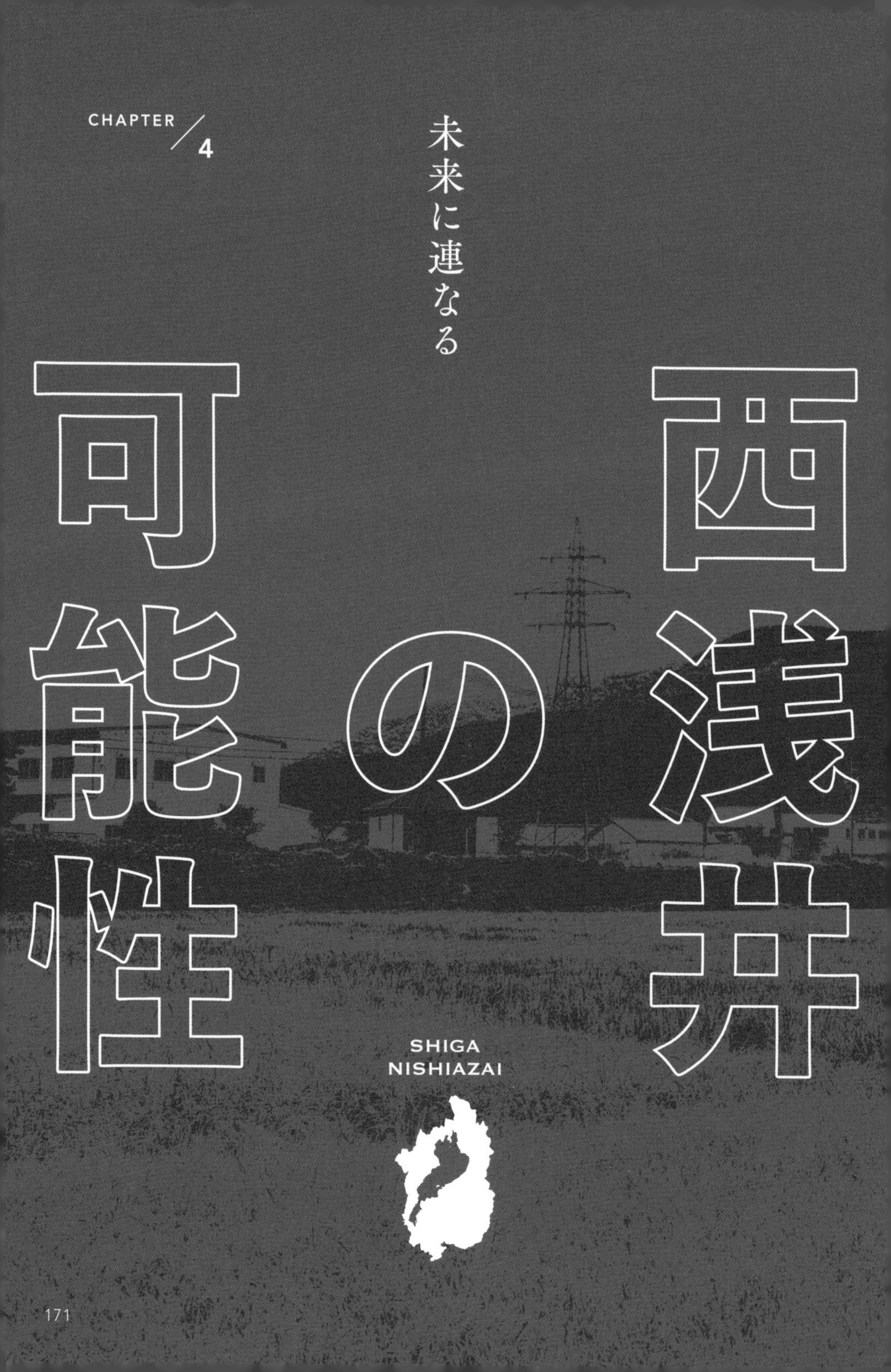

CHAPTER／4

未来に連なる 西浅井の可能性

SHIGA
NISHIAZAI

LASH
西浅井の可能性～

■三和 伸彦

長浜み～な編集室ライター&編集スタッフ

（一社）長浜みーな協会理事

1963年長浜市生まれ。創刊以来のみ～なファンだったが、その熱が高じ編集室に企画を持ち込んで59号（平成11年［1999年］8月発行）から湖北地方の方言をテーマにしたエッセイ「湖北は可笑しな言葉かり」の連載を開始。以降、本文記事のライターも務める。本職は滋賀県職員。ペンネームは「みわのぶひこ」。

■長浜み～な

（創刊号～44号『長浜み～な』、45号～『み～な びわ湖から』）

びわ湖畔のまち・長浜から情報を発信しよう！と、平成元年に創刊した老舗タウン誌。ここに暮らす人たちのメッセージを地道に拾い集める手弁当の仲間たちによる企画、取材や原稿執筆、そして地元企業の支援という、地域の知恵と汗の結集によって発行を継続中（季刊）。昨年、バックナンバー電子版の発売も開始。

https://www.n-miina.net/

長浜み〜な編集室／三和伸彦

どうする ONE S 〜未来に連なる

私たちが今見ている景色は、過去から未来へと流れ続ける時の一断面である。
だとすれば、未来はどこか別の場所から忽然と現れるのではなく、
今という断面が連なった先に徐々に見えてくるものであるはずだ。
ここでは長浜市西浅井町地域（以下「西浅井」）の時の流れを、
タウン誌『み〜な びわ湖から』のバックナンバーを適宜参照しながら振り返り、
西浅井の可能性と ONE SLASH が切り拓こうとしている未来について
私なりの考察を試みることにする。

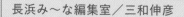

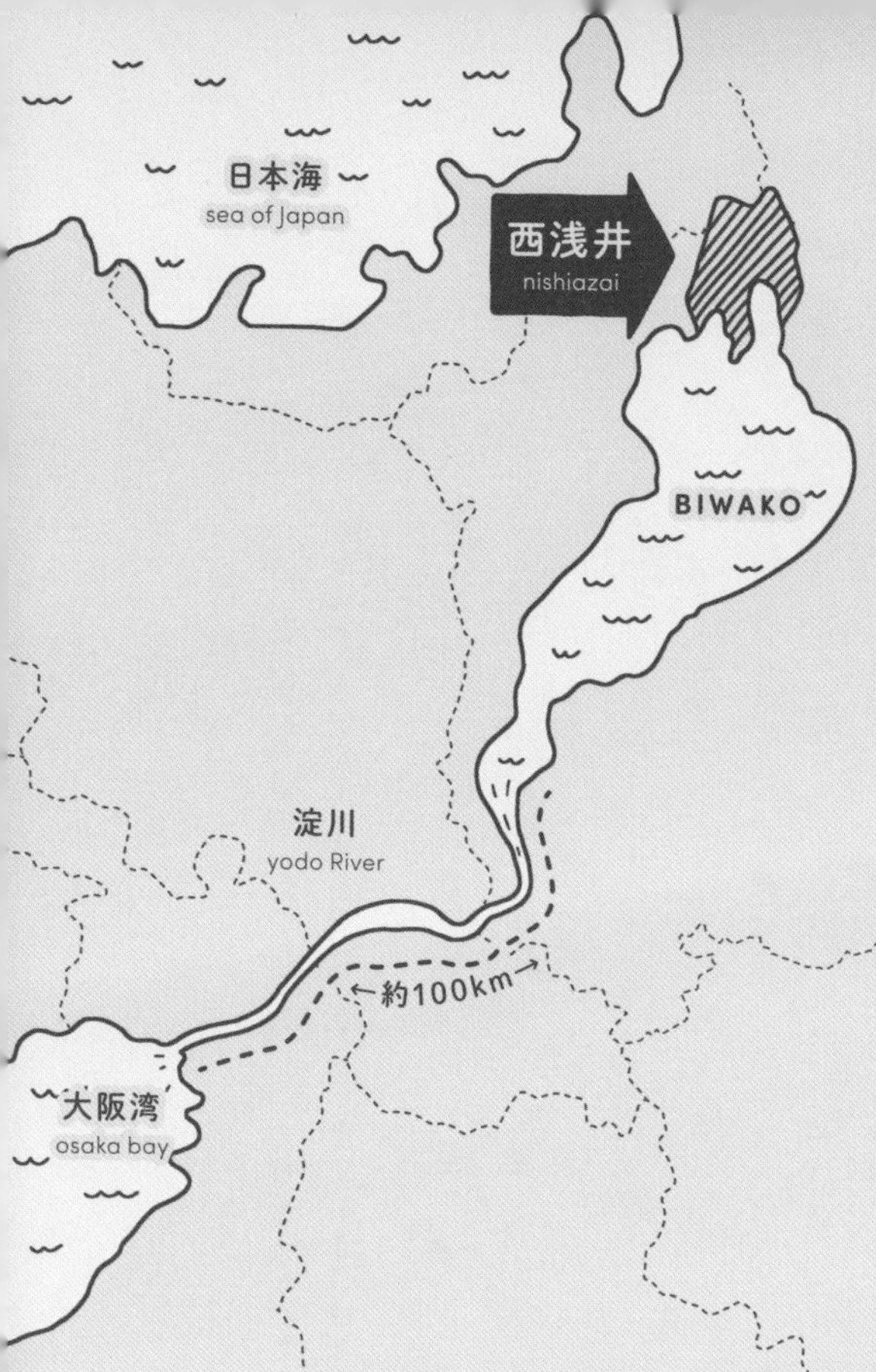

琵琶湖の最北端に位置し、古来、交通の要衝として栄えた西浅井。デフォルメされた縮尺地図だが、日本海から琵琶湖、淀川を通じて大阪湾につながる水運の中継地だったのが見て取れる

海と海を湖でつなぐ拠点

ONE SLASHの地元である西浅井は、日計山《ひばかりやま》山系※1の東に位置する塩津村と西側の永原村が昭和30年（1955年）に合併してできた地域である。合併当初は西浅井村と称していたが昭和46年（1971年）の町制施行で西浅井町となり、平成22年（2010年）に長浜市に編入され現在に至っている。

西浅井は古来、人やモノが行き交う「交通の要衝」である。その理由は地図を見れば一目瞭然。南北に細長い本州において、日本海側の物資を太平洋側へ運ぶには、敦賀〜西浅井〜琵琶湖〜大津〜大阪のルートが距離が短いうえに地形的な障害が少なく、さらに水運を使えるという地の利があるからだ。

日本の中世交通史の研究者でもある今上陛下（徳仁親王）も、その著書『水運史から世界の水へ』の

中で、10世紀はじめの『延喜式』という法令集に、北陸地方から都への貢納物は、敦賀港で陸揚げされると陸路で西浅井・塩津港まで運ばれ、そこから船で大津に運ばれていたことに触れておられる。塩津の港は古事記や万葉集にも度々登場し、平成18年（２００６年）から実施された大川の改修工事に伴う発掘調査で４００枚以上の平安時代末期の起請文《きしょうもん》※2木札が見つかるなど、近年、往時の賑わいが明らかになってきている（み～な１４０号Ｐ28～）。

敦賀港から西浅井に至る陸路は塩津海道と呼ばれる。現在の国道8号線に比定される部分が多い道だが、途中の集落内には旧道の面影が今もところどころに残っている（み～な１４２号Ｐ18～）。

塩津海道のうち、難所・深坂峠を越える急坂の続く山道が「深坂古道《ふかさかこどう》」である。この道は天正年間（16世紀後半・安土桃山時代）に越前の疋田から新道野、沓掛《くつかけ》を経由する高低差の少ない新道が開かれるまで県境越えのメインルートだった。平安時代に紫式部が、国司として越前に向かう父・藤原為時とともに越えた際、歌を残していることでも知られる（み～な36号Ｐ30～、１１３号Ｐ14）。

知りぬらむ行き来にならす塩津山
世にふる道はからきものぞと
（紫式部）

（塩津山を行き来する人足たちが「ここは難儀な道だなあ」と言うのを聞いて、世渡りの道もこのように辛いものだとわかったでしょう）

峠の近くにおられるお地蔵さま（深坂地蔵）は塩をかけてなでるとご利益があるとされることから「塩掛け地蔵」とも呼ばれる。またの名を「掘り止め地蔵」。〝掘り止め〟の名の由来は、平安時代末期、平清盛が息子の越前国司、重盛に命じ、琵琶湖と日本海を結ぶ運河を計画した際、大岩に突き当たり掘り進むのを断念、その大岩がこのお地蔵さまだったと伝わることによる（み～な１４２号Ｐ30～）。

運河計画は、これ以降現代に至るまで、実に20回近くも持ち上がっており、日本の物流にとってこのルートがいかに重要であるかが分かる。

湖北において「浅井《あざい》」という地名は、近年に至る

※1　湖北山地の一部で、塩津エリアと永原エリアを分けるように南北約7キロに連なる
※2　中世から近世にかけて、人が契約を交わす際にそれを破らないことを神仏に誓った文書のこと
※3　天皇に納める食べ物を調達する人

NISHIAZAI MAP

敦賀
永原 エリア
塩津 エリア
奉納
深坂地蔵
深坂古道
fukasakakodou
8
沓掛
kutsukake
集福寺
syufukuji
JR北陸線
余
yo
近江塩津駅
県道大浦沓掛線
山門水源の森
161
山門
yamakado
日計山
hibakariyama
塩津街道
余呉駅
横波
yokonami
塩津中
shiotsunaka
塩津小学校
西浅井中学校
孫兵衛
中
naka
野坂
nosaka
祝山
horiyama
YOGOKO
庄
syo
あほうどり
道の駅 あぢかまの里
塩津浜
shiotsuhama
賤ケ岳
shizugatake
西久
ヤンマー永原工場
303
岩熊
yanokuma
木之本
ゲリラ
黒山
kuroyama
八田部
hatabe
永原駅
永原小学校
長浜市役所西浅井支所
腹帯観音
山田
yamada
小山
oyama
道隧北湖
大浦ふるさと資料館
大浦
ohura
月出
tsukide
JR湖西線
鉢伏山
hachibuseyama
丸子船展示
湖北隧道
高島
菅浦
sugaura
ヤンマー菅浦農村家庭工場
東山
higashiyama
つづら尾展望台
つづら尾自然遊歩道
海津大崎の桜並木
長浜
葛籠尾崎
tsuzuraozaki
BIWAKO

まで西（西浅井町）と東（東浅井郡）に離れながらも引き継がれてきた。これは両地域間で湖上の行き来が日常であったことの証左であろう。湖に突き出すように伸びた葛籠《つづら》尾崎の先には、平安時代以前に漁業と湖上通運を行っていた贄人《にえびと》※3の小集団が住み、中世には優れた自治組織が維持されていた隠れ里、菅浦の集落がある（み〜な36号P12〜）。

このように、ここ西浅井は、暮らしと経済が山を越え日本海へと連なる「道」と、水運とともに豊かな恵みをもたらす「湖」とのダイナミックなつながりによって維持され、多様な文化を育みながら発展してきた地域なのである。

しかし、時は流れて近代、大量輸送の主役は鉄道へ、そして自動車へと移っていく。

江戸時代享保年間（1716〜1736年）には、大浦・菅浦・塩津浜の西浅井三港に合計89隻があったとされ、物資輸送の主役だった大丸子船（積込量100石［約225俵］以上）にも翳りが見えるようになると、湖上を行き交う人とモノは徐々に減り、西浅井を取り巻く状況は大きく変化していくことになる（み〜な36号P26）。

鉄道からモータリゼーションの時代へ

新橋—横浜間に初めて汽車が走ったのは明治5年（1872年）だが、その3年前、政府は廟議において日本における鉄道敷設の主要2路線を決定している。それが東京—神戸間と敦賀—琵琶湖間であった（み〜な144号P4〜）。

この時、敦賀—琵琶湖間の琵琶湖側の拠点については、塩津、長浜、米原の3か所が候補に挙がっていたが、最終的に長浜に決まる。そして明治15年（1882年）、敦賀—長浜間の鉄道の運行が始まり、長浜—大津間に日本初の鉄道連絡船が就航する。

ただし長浜が鉄道ターミナルだった時代は長くは続かず、明治22年（1889年）に関ヶ原—米原線

右上写真．物資運搬の要として活躍していた丸子船（©長浜み〜な編集室）

左ページ写真．現存する日本最古の駅舎である初代長浜駅舎（写真集「長浜百年」より 昭和の初め2、3年頃）

と米原─大津線の鉄路が完成し、東京と神戸を結ぶ東海道線が米原経由で全通すると、鉄道連絡船の運航は終了し、ターミナルとしての役割は長浜から米原に移る。長浜が東海道線という鉄道の大動脈から外れたことは後の湖北の発展に大きな影響を与えることになるのだが、このことは後に述べる。

さて、大正時代の半ばになると、来るべきモータリゼーションの時代を見越し、海外からの観光客まで視野に入れて「琵琶湖一周道路」を作ろうという計画が持ち上がる。しかし、木之本からマキノに至る区間には賤ケ岳、塩津と永原を隔てる日計山山系、さらに海津大崎という難所が連なっていた（み〜な１３５号Ｐ24〜）。地元から県への働きかけが実を結び、木之本─海津間の道路整備事業が県議会で可決されたのは大正９年（１９２０年）のことだ。

この事業の中で西浅井の人たちの暮らしに直結したのは、塩津村と永原村をつなぐ道（トンネル）が昭和９年（１９３４年）に完成したことだ。両村が八田部─月出間の湖北隧道《ずいどう》によって結ばれたのである。

湖北隧道は、当時県の土木技師であった村田鶴の最高傑作ともいわれるシンプルで美しい意匠を持つトンネルである（み〜な１３５号Ｐ12・Ｐ16）。観光を視野に入れた琵琶湖一周道路計画の中で生まれたトンネルらしく、八田部側の入口の扁額には「風光随一」の文字が刻まれている（み〜な１３５号Ｐ31）。

時は下って昭和30年（１９５５年）、記念すべき西浅井村誕生の祝賀式はこの湖北隧道の前で行われた。桜の花咲く４月12日、塩津中学校と永原中学校の生徒たちは小旗を振りながらそれぞれの学校から月出峠までパレード。中間点に当たる隧道の前で両校生徒が出会い、生徒会長が握手して合併を祝ったのである（み〜な１３５号Ｐ26）。

その後、昭和42年（１９６７年）に八田部─岩熊《やのくま》間を貫く岩熊トンネルが完成したこともあり、湖北隧道は大きな役目を終え、現在は、ただひっそりとその姿を晒している（トンネル内は通

行禁止となっている）。これほど素晴らしい（美しい）地域の近代化遺産が人びとの記憶から消えていこうとしているのは、時代の流れとはいえ、何とも切なく、歯がゆく感じられる。

欠けているものがあるから生まれる

西浅井は県境の森に降った雨が川（大川、大浦川）となり、里の田畑を潤し、琵琶湖（塩津湾、大浦湾）へと注ぐという、自然と水と暮らしのサイクルがすべて見える稀有な場所である。

令和3年（2021年）に策定された琵琶湖版のSDGsである「マザーレイクゴールズ（MLGs）」のアジェンダには、ゴール6「森川里湖海のつながりを健全に」のイメージビジュアルとして、永原エリアを空撮した写真（89ページ参照）が採用されている。この写真には、最上流の山門水源の森からONE SLASHの拠点である大字庄、ヤンマーディーゼル永原工場（現在は閉鎖）、JR湖西線・永原駅と永原小学校、大浦の集落と港、そして琵琶湖がひとつの構図の中に収まっている。

ところで、私が生まれたのは昭和38年（１９６３年）。高度経済成長の時期と重なる。当時およそ85万人前後で推移していた滋賀県の人口は翌年からは毎年増え続け、平成20年（２００８年）には１４０万人を超えるなど、全国有数の増加率を誇ってきた（その後、平成25年［２０１３年］にようやくマイナスに転じる）。

しかし、その実態を見ると、大津、草津をはじめ県南部の人口増によるところが大きく、長浜、米原の湖北エリアとの県内格差は早くから問題となっていた。実際、私が中・高校生だった昭和50年代には長浜の中心街は目に見えて活気が失われていった。

これにはこのエリアが積雪（豪雪）地帯であるということに加えて、先に述べたように長浜が東海道本線から外れ、通勤・通学など県南部や京阪神との行き来には米原で乗り換える必要があったこと（しかも接続も悪い）も大きな要因だったと思う。

しかし、そこからまた時代は動くのだから分からない。

その原動力は、やはり地元を愛する人たちの力だった。私なりに振り返ってみると、その胎動が最初に現れたのは秀吉が築いた長浜城天守の再建だったと思う。江戸時代初期、元和元年（１６１５年）の廃城から実に３６０年余の時を経て、４億３千万円（！）という市民からの寄附をもとに長浜城（歴史博物館）が開館したのは昭和58年（１９８３年）４月のことである。長浜に長い間欠けていたワンピースがついに埋まった瞬間だった（み～な76号P５～）。

そして6年後の平成元年（１９８９年）7月には、今や長浜のシンボルとなった黒壁ガラス館がオープンする（奇しくも長浜み～なの創刊と同日：み～な創刊号）。

さらに平成3年（１９９１年）に北陸線の直流電化（長浜駅まで）が実現したことで、京阪神からの直通電車が長浜まで乗り入れる（その後平成18年［２００６年］に敦賀まで延伸）ようになると、俄然、長浜は活気を取り戻していく。

駅前を中心とした大規模な再開発によってベッドタウン化が進んだ大津や草津などの都市とは対照的に、湖北はそこから取り残されたおかげで多くのものが失われずに済んだともいえる。今、改めて湖北が見直されているのは、現代のキーワードのひとつ

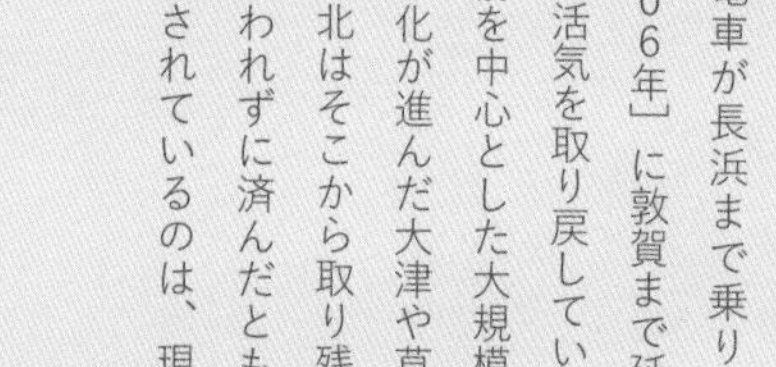

である「持続可能な社会」において本当に大切にすべきものがここに残っているからではないかと感じる。

父方のルーツが長浜にあり、「千夜千冊」で知られる知の巨人、松岡正剛にこんな言葉があることを思い出した。

そこに欠けているものがあるからこそ
卒然と成立する日本があるのではないか
（松岡正剛）

滋賀県がＳＤＧｓを踏まえて平成31年（２０１９年）に策定した第五次滋賀県環境総合計画の目標は「環境と経済・社会活動をつなぐ健全な循環の構築」である。そして、その基礎となるのは「里山や内湖の周辺などにおいて成り立ってきた、森林資源や在来魚介類などの地域資源を地域社会の経済システムの中で健全に利用する、自立・分散型の循環」であり、その循環は地域内で完結するのではなく、「異なる地域が、地域資源を介して他の地域と相互に支え合う関係をつくること」で成り立つと明記されている。

これまで辿ってきた歴史が示すように、西浅井には持続可能な社会における健全な循環のポテンシャルが十分に備わっている。そして、ＯＮＥ ＳＬＡＳＨの活動はそのポテンシャルを若い力によって引き出そうとしている試みだと私は解釈している。それは、ＳＤＧｓ、ＭＬＧｓの達成に向けた西浅井からの挑戦と言い換えることもできるのではなかろうか。

黄金波うつ田あり湖あり

最後に、西浅井出身の偉人であり、昭和33年（１９５８年）から2期、滋賀県知事を務めた谷口久次郎が詠んだ歌をご紹介してこの稿を閉じたい。久次郎は自らを百姓知事と称し、小学校を卒業後、農耕に従事した生粋の農耕者でもある。

我がさ斗は美斗里の山にかこまれて
黄金波うつ田あり湖あり
（谷口久次郎）

西浅井には森川里湖のつながりの中で、豊かな恵

みを得るための日々の営みが脈々と続いており、これからも続いていく。収穫間近の黄金に輝く稲穂が風に波うつ田の情景の描写には久次郎の強い思いを感じる。それは、ONE SLASHの「RICE IS COMEDY」にも通じるスピリットだ。

DX（デジタルトランスフォーメーション）やGX（グリーントランスフォーメーション）の世界は言うに及ばず、世界中のさまざまな分野で「ゲームチェンジャー」が登場する今、まさに変化の時である。しかし、だからこそ、地域に生きる私たちはそれらと対極にある、変わらないもの、変えてはいけないものを意識し、変化の拠り所とする必要がある。

本稿の冒頭、「今見ている景色は過去から未来へと流れ続ける時の一断面」だと書いた。

どんな時の断面にも変わらずあるべきもの、すなわち変化の時代における拠り所とは何か。この、未来を切り拓く際に一番大事な問いへの答えを、久次郎は歌を通して私たちに示してくれている。

さぁ、すべての機は熟した。大いなる期待を込めて、「どうするONE SLASH」

参考文献

『水運史から世界の水へ』
（徳仁親王／NHK出版）
『長浜み～な 創刊号（よみがえった黒壁）、36号（なるほど・ザ・西浅井）』
（長浜市ふるさと振興協会）
『み～な・びわ湖から 76号（20歳を迎える長浜城）、101号（湖畔日和）、113号（湖北の源平ものがたり）、120号（北陸本線ものがたり）、135号（隧道漫歩）、140号（発掘現場を発掘せよ）、142号（湖北ローカル街道紀行）、144号（再録・北陸本線ものがたり）』
（長浜み～な編集室／長浜み～な協会）
『湖北水紀行』（滋賀県長浜保健所）
『滋賀の近代のトンネルの歴史と村田鶴が残した隧道群』
（田中雅彦、上野邦夫／滋賀県長浜土木事務所木之本支所）
『マザーレイクゴールズ（MLGs）アジェンダ』（マザーレイクゴールズ推進委員会）
『第五次滋賀県環境総合計画』（滋賀県）
『西浅井のあゆみ～西浅井町閉町記念集』（西浅井町教育委員会編／滋賀県西浅井町）

report no.3

移住者インタビュー

immigrant interview

西浅井に移住し夢を実現!
旅人たちが集う
ライダーハウス

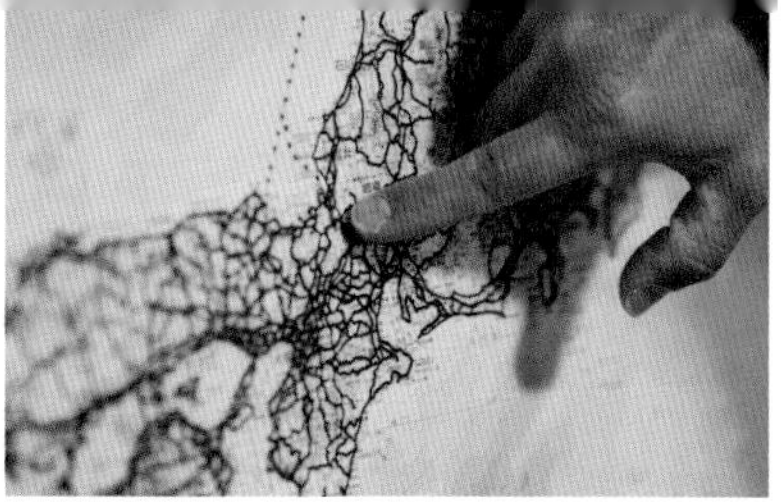

dormitory

ライダーハウス 日本何周

ライダーからサイクリスト、
観光客、釣り人まで——今や多くの旅人が
訪れる人気宿が誕生した理由とは？

兵庫県加古川市出身の乾文久さんが、移住先を探し始めたのは24歳の時。それから15年間もの年月をかけて各地で物件を探し、ついに見つけた〝自分の夢をカタチにできる場所〟。それが西浅井の古民家だった。日本中を旅した乾さんだからこそ感じる、このエリアの魅力を聞いた。

仲間のバイク事故を機に、日本一周の旅へ

昔から速い乗り物が大好きで、学生時代は自転車の大会に出場し速さを競ったという乾さん。バイク免許取得後は、暇を見つけてはスピードの出るバイクにまたがり、峠を走らせていたそう。「どんな乗り物でも、走ったら誰にも負けませんでした」と、乾さんは笑う。

そんな乾さんに転機が訪れたのは、24歳の時。毎週のように一緒にバイクを走らせていた仲間が、事故で他界。このショックな出来

事を機に、いろいろなことを考えたそうだ。

「もしあの時、僕が彼の前を走っていたら、僕は今、ここにいません。これから僕の人生、いつどうなるかわからない。それなら今やりたいことをやらなくては…そう思ったんです」

まずバイクは速さの出る車種から、のんびりゆったり走れるアメリカンタイプに乗り換えた。車種だけでない。乗り方もガラリと変わった。そして人に「一緒にバイクで走ろう」と誘わなくなったのも、大きな変化だという。

ただ、それでもバイクに乗ることをやめなかったのは、やはりバイクが好きだからだ。そして以前からやりたいと思っていた〝バイクで日本一周の旅〟に出ることを決心したという。

ライダーハウスという空間が、訪れた旅人たちの心を開放的にする

芽生えた〝ライダーハウス立ち上げ〟の思い

長期のバイク旅の宿は、テント泊かライダーハウスが一般的だ。ライダーハウスとは、バイクや自転車で旅をする人が宿泊する格安の宿で、基本的に相部屋。各自が寝袋を持ち込み雑魚寝スタイルが一般的。多くのライダーハウスには談話室があり、ライダーたちはそこに集まって交流するそうだ。

当時を、乾さんはこう振り返る。

「ライダーという共通項だけで集まった見知らぬ人たちが、バイクの話やこれまで見てきた景色の話、プライベートなこと、時には人生について語り合うのが、とても新鮮でした。ライダーハウスオーナーの個性も色濃く出ていて、とにかく面白かったですね。旅の序盤で『僕もライダーハウスをやりたい。やるべきだ』と強く思いました」

全国各地のライダーハウスを堪能しながら日本一周の旅を終えた乾さんは、ライダーハウス経営を目標に物件探しをスタート。当初

上．古民家の広い間取りを活かし、1階は男性用・2階は女性用の部屋に　下．圧倒的な〝おばあちゃんち感〟は居心地の良さ抜群！ 土間の談話室では夜な夜な旅人たちが語らいを楽しんでいる。「大きくリフォームしたのはこの土間くらいです。１段低くしたことで腰掛けられるようになり、より集まりやすくなりました」（乾さん）

近江米
ガスライター

の候補地は、宮崎、高知、和歌山だったのだとか。理由は、雪が少なく一年中バイクに乗れること。そして海が近いこと。何年もかけて物件を探したが、なかなかいい物件に出合えなかったそうだ。

琵琶湖に魅せられ、滋賀県に移住

そんな乾さんが最終的な移住先に決めたのは、冬は雪深く、そして海のない滋賀だった。

「滋賀県は釣りやツーリングで何度も訪れたことがある場所。琵琶湖の穏やかさと緑豊かな山々は、ほかの地域にはない魅力がありました。それから縁あって高島市への移住が決まり、住みながらライダーハウスの物件探しを始めたんです」

西浅井のイベントに参加し動き出したライダーハウス開業という夢

しかし高島市でも理想の物件にはなかなか出合えなかった。「いいなと思っても、周辺住民の理解を得られなかったり、老朽化が激しく住むためには大きな修繕が必要だったり。高島市ではもう無理かなと諦めかけていました」と当時を振り返る。

ONE SLASHとの出会いとセレンディピティ

そんな時に乾さんは、高島市からもほど近い、西浅井で開催されたイベントに参加した。それが、ONE SLASHが企画運営したジビエを使ったB級グルメイベントだ。

「なんだか面白そうなイベントだなと思って行ってみたんです。その時に、ONE SLASHのヒロくん（清水さん）に初めて声をかけました。『ライダーハウスをしたいんです』とチラっと話しましたが、その時はただそれだけ。ほんの少し会話した程度です」

しかしその後、奇跡が起こった。

「それまで湖西エリアにばかり目を向けていましたが、湖北エリアも意識するようになり、ある日、西浅井の物件を内見していたんです。その時にたまたまヒロくんが通りがかり『何してんの？』と声をかけてくれました。聞けば『ONE SLASHは不動産業もしているから、空き家を紹介できる』と言ってくれて。それからいくつもの空き家を、彼らに紹介してもらいました」

そんなある日、今回の物件が売りに出される情報がONE SLASHに入った。琵琶湖まで歩いてすぐ、周遊道路に面した好立地。築深物件ではあるが修繕の必要がないほど状態が良く、購入費用も予算内に収まっていたという。乾さんは即決。こうして理想の物件に出合うことができたのだった。

「地元を元気にしようと頑張っているONE SLASHにサポートしてもらったことで、持ち主や周辺住民との交渉もスムーズに進められました。僕がご近所の方々に応援していただけているのも、ONE SLASHの功績だと思います。あの時たまたまヒロくんに遭遇していなければ、まだライダーハウスはオープンできていないかもしれませんね」と乾さんは笑う。

今や多くの旅人が訪れる人気宿に

いくつものタイミングが重なり、夢のライダーハウスが実現。初めての日本一周を24歳で終え、物件探しをスタートしてから、この時すでに15年の月日が経過。乾さんは日本を約6周もしていたそうだ。

2019年5月にオープンしたライダーハウス「日本何周」は、大々的な宣伝をしていないにもかかわらず、噂が噂を呼び、すでに多くの旅人が訪れる人気宿へと成長している。日本一周をするライダーは、海沿いを走るのが定番コ

「こんにちは！」大きな声であいさつする子どもたちに、笑顔で応える乾さん。このまちには、失いつつある当たり前の交流が残っている

ースだが、全国各地のライダーハウスで「日本何周」の話を聞きつけ、コースを少し外れてまで、ここを目指してやってくる人も多いという。

宿泊者はライダーだけではない。琵琶湖をサイクリングで一周する〝ビワイチ〟を楽しむサイクリストをはじめ、観光客、釣り客、ONE SLASH主催の田んぼイベントの参加者など、電車や車、徒歩で訪れる人もいる。ライダーハウスには普段では交わることがないようなさまざまな宿泊客が集まるのが面白い。

目標は、湖北エリアで小さな仕事を生み出すこと

「琵琶湖の雄大な景色とのんびりとしたまちの空気感、そして人の温かさは、何物にも代えがたい西浅井の魅力です」

乾さんがそう話すように、「日本何周」の宿泊者のなかには朝昼晩、一日に何度も琵琶湖をぼんやり眺めに行く人もいるという。「多くの人が『来てよかった』『また必ず来ます』と言ってくれる。これからも一人でも多くの人に、西浅井の良さを伝えていきたいですね」

そしてこう続けた。

「今後はこの湖北エリアに小さな仕事をつくることができたらと思っています。たとえば琵琶湖でアクティビティー体験ができたり、素敵なカフェやパン屋さんが誕生したりすれば、さらにこの界隈を訪れる人やここに住む人が増えるでしょう。今あるものを継承しつつ、新しいものを取り入れ、西浅井の魅力を発信していきたいですね。そのためにも移住者である僕が〝いい見本〟になる必要があると思います。これからも人生を楽しんでいきます！」そう乾さんは笑顔で語ってくれた。

琵琶湖の雄大な景色とのんびりとした空気感はこのまちの財産

ライダーハウス 日本何周

住　　所：滋賀県長浜市西浅井町大浦 881
営業時間：チェックイン 17時～ /チェックアウト翌 10時
※ 12月～ 4月までは冬季休業の可能性あり
料　　金：素泊まり 2000円～
Ｔ　Ｅ　Ｌ：090-4299-7001

TRIBE

365日いつ来ても最高の場所

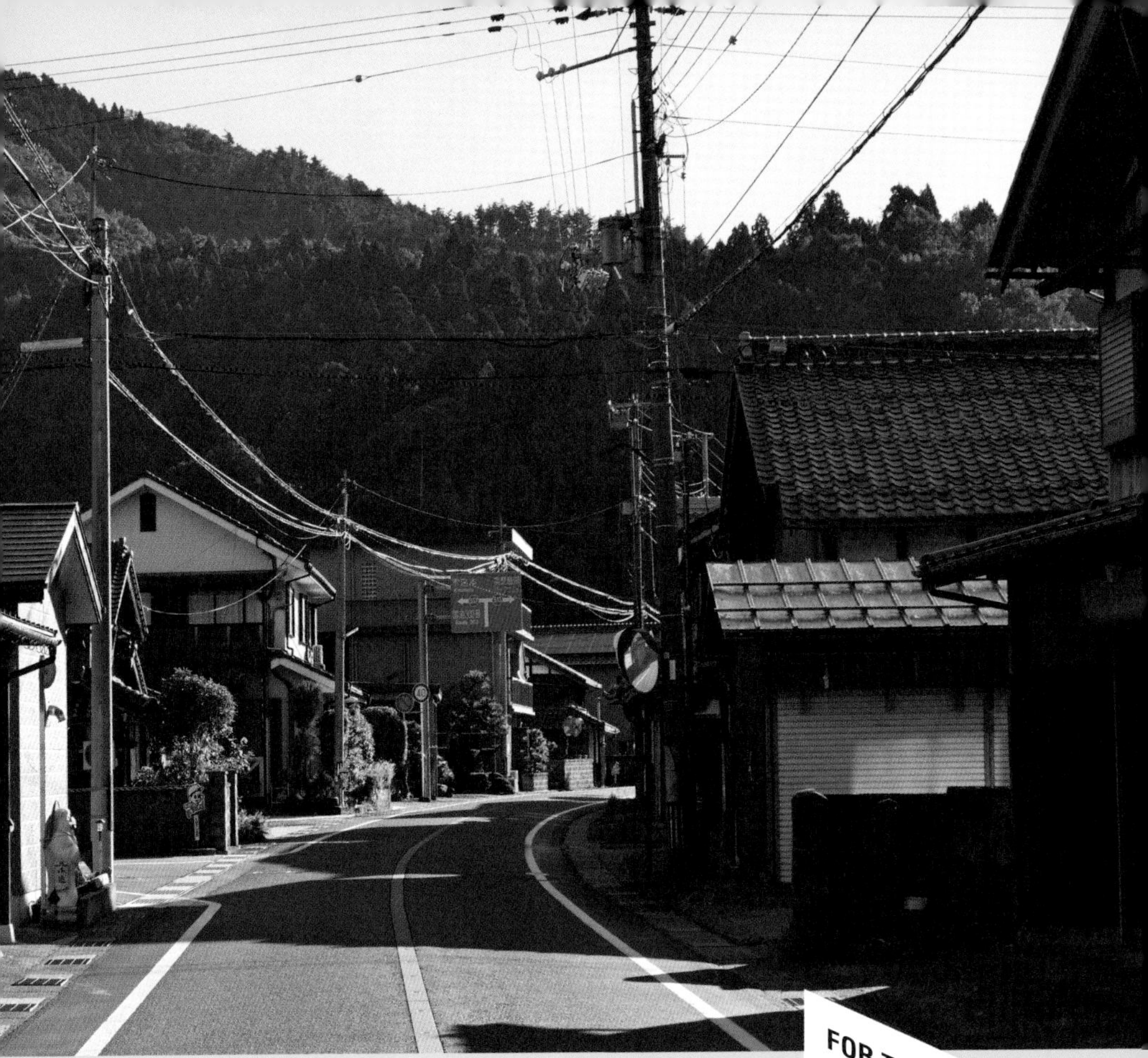

FOR THE COMMUNITY

― 不動産事業部 ―

『ESTEST』

ライダーハウス「日本何周」を経営する乾文久さんが西浅井の物件を探していたとき、空き家物件の紹介から地域との関係づくりまで、一連のサポートを務めたのがONE SLASHの不動産事業部「ESTEST」。同事業部代表の水上寛之さんに事業の詳細を伺いました。

物件の紹介から地域との関係づくりまで。「ライフパートナー」としてフルサポート

——まず不動産事業部「ESTEST」について教えてもらっていいですか?

「ESTEST」はONE SLASHの不動産事業部として2020年1月11日に設立し、主に空き家物件や空き地、中古戸建て・中古マンションなど不動産の売買を中心に事業を展開しています。空き家を相続される方も多いですが、税制上の問題はもちろん、売却するにしても、有効活用するにしても、どうすればよいかわからないことが多いですよね。「ESTEST」では購入や売却、賃借をしたら終わりではなく、お客様のライフパートナーとしてお取引後も継続してサポートをさせていただいています。

長浜市街の不動産が中心ですが、僕たちの地元・西浅井の物件

も扱っていますよ。

——そうして不動産事業部を展開するなか、乾さんに物件を紹介するに至った経緯を教えてもらっていいですか?

僕たちONE SLASHは、グループ結成当時から地元の西浅井に人を呼び込みたいと思っていたんです。そこで「西浅井はるマルシェ」や「西浅井ジビエ村」などを開催してきたわけですが、それらのイベントに参加してくれていたのが乾君でした。ライダーハウスを開業したい思いをもちながら各地を見て回り、イベントを機にこの地域を気に入ってくれて、最終的に西浅井に住みたいと思ってくれた。そんな乾君が西浅井で夢を実現してくれたら僕たちも嬉しいじゃないですか。

僕たちの地元で夢を実現してもらいたい

ただし移住者がその土地でうまくやっていくためには、求める物件に出合えるかどうかに加え、その地域の人たちから理解を得られるかが重要です。実際、乾君は僕たちと出会う前に周辺住民から反対を受け、その地域での開業を断念するといった経験をされていました。

僕たちは物件を紹介できるうえに、地域との関係づくりもサポートできる。よし、みんなで乾君の開業を手伝おうと動き出すことになったんです。

——具体的な流れとしては?

乾君と出会った頃に、現在の大浦の物件が売りに出される情報が入りました。そこで乾君に紹介するとともにONE SLASHのメンバーで持ち主さんや地域の人たちにかけ合いました。そのなかで動いてくれたのが、自治会メンバーのひとりで、ピーナッツ煎餅の老舗「みつとし本舗」の3代目・山口大智君。彼が乾君を自治会に挨拶に連れていってくれました。

——移住者と地域の間に入ってサポートできる人の存在が大事なのですね。

まさにそのとおりですが、移住者自身が地域に入り込もうとする

水上さんの念願の店舗「不動産博士長浜店 ESTEST」の設立を記念したオープニングイベントにて。ゲリラ炊飯を開催し、メンバーみんなで水上さんの門出を祝った

努力も大切です。乾君はみつとし本舗でアルバイトをしたり、地域の祭りや行事に積極的に参加したりと、地域に溶け込めるよう努力していました。今では地域の祭りで神輿を担ぐまでになっているのも、乾君が地元の人たちに受け入れられている証拠だと思いますよ。

――現在の物件に決定後、リフォームはどうされたのでしょう？

ONE SLASHのリーダーの清水は建設・建築を本業でやっていますから。㈲清水建設工業で工事を請け負い、土間スペースのリフォームなどおこないました。

物件探しと紹介は不動産事業部、地域との関係づくりはメンバー各自のコネクション、そして物件のリフォームは建設・建築事業部が担当する。ONE SLASHの結成当時から、それぞれに自分たちの好きなことをしながら、グループ全体として仕事ができれば最高だよねと話し合っていたので、それが実現したかたちですね。今後もONE SLASHの活動を通して西浅井を盛り上げていきたいです。現在も、西浅井への移住を希望する方のお手伝いをしているところです。僕たちの地元・西浅井に興味をもっていただけたら、物件紹介から移住のお手伝いまでサポートいたしますよ。

DATA

不動産博士長浜店 ESTEST

住　　所：滋賀県長浜市大宮町9-19
営業時間：10:00〜19:00
定 休 日：水曜日
T　E　L：0749-50-4688

report no.4

新拠点レポート

New base report

apparel

CITRONE

シトロン

地域×アパレルで生み出せる新提案。
目指すのは、語れる商品づくり

オリジナル商品も展開する
アパレルショップ「CITRONE」

この地域でアパレルに取り組むからこそ提案できる商品がある

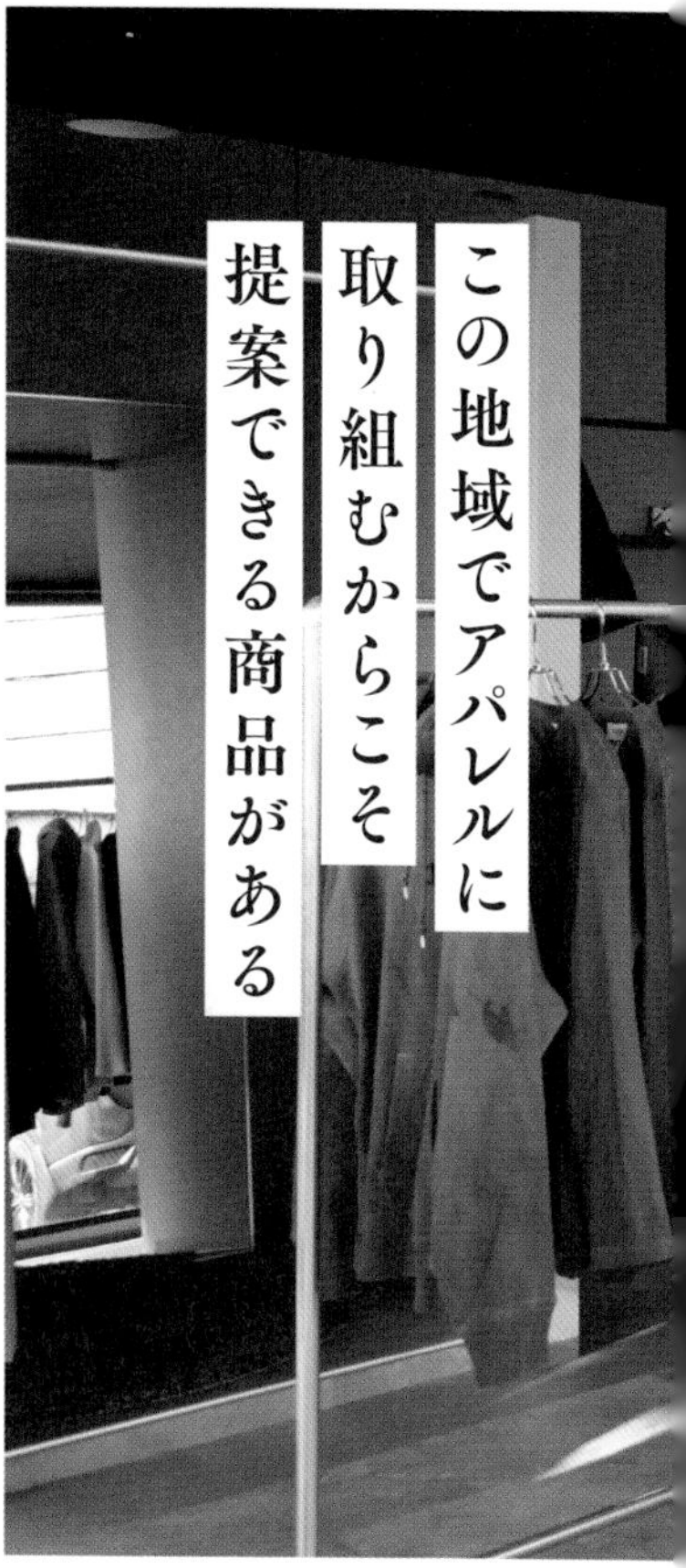

メンバーの新拠点がオープンしたと聞き、取材班が見学に伺った。

まず2022年10月29日にオープンしたのがアパレルショップ「CITRONE」。長くアパレルに携わってきた田中翔太さんの思いが結実した新店舗だ。翔太さんの目利きで提案するセレクトアイテムが充実し、オーダースーツも展開。さらに生地から選ぶオリジナルの商品づくりや、アパレルブランドの立ち上げを目指す人へのアドバイスにも取り組んでいる。

また、滋賀県東近江市の柿渋染めの老舗・株式会社おおまえとコラボし、柿渋染めや暮染めの効果（抗菌、消臭、防腐など）を活かしたオリジナル商品の制作にも取り組んでいる（77ページ参照）。

「柿渋で下染めをした生地に暮染め（クレ［鉄分を含む水］で媒染処理する技術）を施すことで生地が丈夫になるうえに、色がグレーに変化してカッコよくなる。初めてリリースした暮染めのパーカーは1週間で完売しました」と翔太さん。「この地域でアパレルに取り組む意味を模索しながら、〝語れる商品づくり〟に力を入れていきます」と展望を語ってくれた。

CITRONE

住　　所：滋賀県長浜市八幡中山町251-1
　　　　　コルドン・ブルー1F-1
営業時間：11:00〜19:00
定 休 日：水曜日
T　E　L：050-1471-0567

mahjong parlour

雀荘少年

対局も楽しめる
プロ雀士経営の雀荘少年。
夢はかなえるためにある

本業不動産のプロ雀士が在中する「雀荘少年 長浜店」

2022年11月29日にオープンしたのが「雀荘少年」。126ページでも少し触れているように、水上さんは麻雀好きが高じて、競技麻雀のプロ団体に所属するプロ雀士になった人。その資格を活かして雀荘をオープンした。プロ雀

「好き」を仕事にするために念願の雀荘オープン

士との対局も楽しめるとあって評判だ。取材班が訪れた日は、ONE SLASHのメンバーで同じく麻雀好きの耕平さんの姿も。

　自分の好きなことで稼ぎ、利益を地元に落とす——水上さんは不動産業に従事しながら、好きな麻雀でも夢をかなえるという、まさにONE SLASHのコンセプトを体現した人なのだ。

新拠点は、不動産事業部「ESTEST」の管理物件

「CITRONE」と「雀荘少年」がともに入居するビルは、不動産事業部「ESTEST」の管理物件。「最初は雀荘という業態に難色を示されていたのですが、『三国志』の三顧の礼のごとく、持ち主の地元工務店に何度もお電話して誠意を伝えました。それで社長さんにつないでいただき、『地元の不動産業者が雀荘をやるのなら』と管理も任せていただけるようになったんです」と水上さん。

管理を引き受けた当初は空き店舗が多い状態だったが、入居が増えてきているとのこと。「以前は賑わいのあるビルだったんです。ESTESTが管理することで盛り上がり、またこのビルが栄えてほしいですね」。ONE SLASHのポジティブエネルギーがビルを活気づける日は近いだろう。

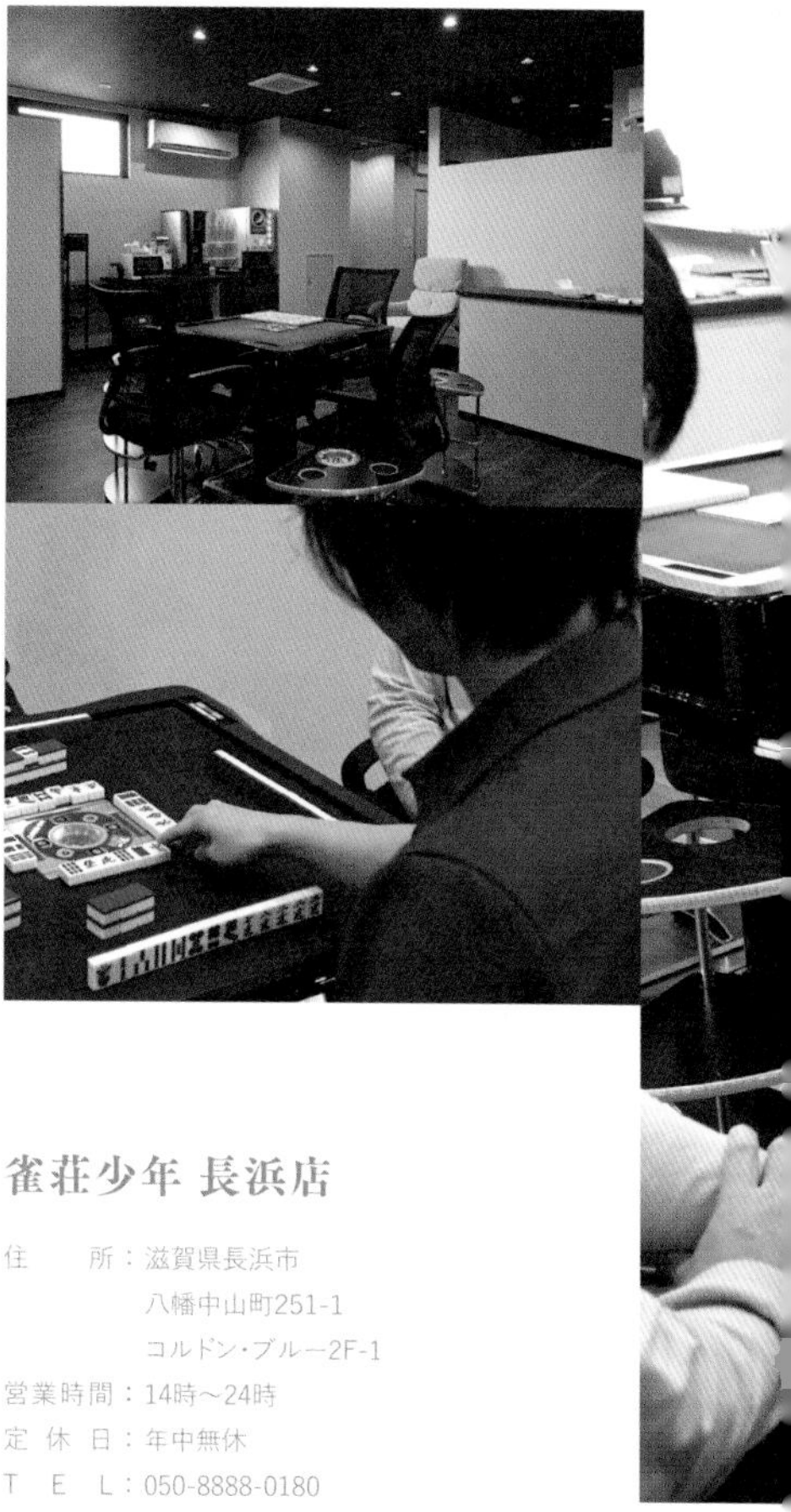

雀荘少年 長浜店

住　　所：滋賀県長浜市
　　　　　八幡中山町251-1
　　　　　コルドン・ブルー2F-1
営業時間：14時～24時
定 休 日：年中無休
T　E　L：050-8888-0180

UoC(UNIVERSITY of CREATIVITY)三者鼎談

未来を生み出す創造性とは?

Special Cross Talk

UoCプロデューサー
伊津 聡恵氏
飯塚 帆南氏
×
ONE SLASH代表
清水 広行氏

創造性で新しい社会を描くための研究機関として誕生した「UNIVERSITY of CREATIVITY（UoC）」。「We are All born Creative」を理念に10の領域を設け、越領域で対話や研究を重ねながら、クリエイティビティの力で社会をより良く変えるためのプロジェクトがいくつも進められている。対するONE SLASHの代表・清水広行氏は地元の西浅井町を舞台に、自分たちの活動の軸である米づくりに最新技術（ライスレジン）や成長産業（脱炭素・再生可能エネルギー）を産官学の垣根を超えて掛け合わせながら、地域を創造的につくり替えようとしている。

UoC主催の「Creativity Future Forum '23」に清水氏が登壇したのを機に実現した今回の鼎談。生成AIの技術が飛躍的に向上するなか、すべての人間に備わる「創造性」を切り口に、社会や地方の未来について語り合ってもらった。

新しい

地方の可能性を
「創造性」を切り口に
考える

自ら多様な組織を実現し、創造的対話を仕掛けるＵｏＣ

――まずＵｏＣが設立された経緯について教えてもらっていいですか？

伊津　ＵｏＣは広告会社の博報堂が２０２０年９月に開校した研究機関です。なぜ広告会社がこのような場をつくったのか、それは自分たちが磨いてきたクリエイティビティの力をより良い社会を生み出すために活用できるのでは、と考えたからなんです。そこでクリエイティビティを「未来創造の技術」ととらえ議論・研究・実装し、その知見を社会の課題解決に役立てるための学びのプラットフォームとして開校しました。

――具体的にどのような活動をしているのでしょう？

伊津　ＵｏＣの最大の特徴は、産官学や文理芸、社内外の壁を超えた多様な人たちが創造性について学び合うこと、そしてその場を社会に向けて開くことにあります。

たとえば今、話をしているこの場所を私たちは「Ｍａｎｄａｌａ《マンダラ》（越領域する対話）」と呼んでいます。ある問いに対していろんな立場のプロフェッショナルの人たちが車座になって議論し、解決を導き出していくための場として機能しています。

そしてこの場所でクリエイティビティの種が見つかると、それをさらに限られたプロフェッショナルで研究（Ｆｅｒｍｅｎｔ《ファーメント》［＝発酵型の研究］）し、最終的に社会で役立つようプロトタイプに落とし込んでいきます（Ｐｌａｙ《プレイ》［実装］）。このように対話、研究、実装の３つを行き来しつつ活動しているのがＵｏＣです。

清水　そのＵｏＣは今年で丸三年ということですけど、どういう人たちで成り立っているんですか？

伊津　半数ほどは博報堂の社員ではなく、さまざまな領域で活躍されているフリーの方々なんです。

ＵｏＣプロデューサー
飯塚 帆南氏

UoCプロデューサー
伊津 聡恵氏

飯塚　ＵｏＣは博報堂以外のいろんなＤＮＡを入れることで多様な文化を生み出している組織です。私自身は海外生活が長く、グローバルな視点でのプロデュースを経験してきたこともあり、活動を共にさせていただいています。

――まさにＵｏＣ自体が創造的対話のベースとなる多様性を実現した組織なのですね。清水さんはどう思いますか？

清水　そのような構成で成り立っているとは知らなかったですね。だとすると横展開がよりやりやすいと感じます。ＵｏＣを立ち上げる際に地方で、という話もあったようですが、こうして東京のど真ん中のこの場所でスタートを切ったからこそ可能な体制づくりなんでしょうね。

「地方」をどう見るか

――清水さんは地方で活躍するプレーヤーとしてＵｏＣ主催の「Ｃｒｅａｔｉｖｉｔｙ Ｆｕｔｕｒｅ Ｆｏｒｕｍ'23」（２１２ページ参照）に登壇されました。改めて、感想を聞かせてもらえますか？

清水　僕が参加したのは『この国から「地方」という言葉をなくす』がテーマだったんですが、僕の周りでは「そのテーマって変よな？」という反応が多くて。というのも、東京目線だから出てくる言葉だと思うからです。地方と東京の分断を助長するつもりはないというのは、僕にはわかるんですよ。でも、地方には反応する人がいるというか。地方は地方で変にプライドをもっているというか。そこが見えて、逆に僕は面白かったんです。

飯塚　Ｍａｎｄａｌａという場所で話し合われた内容から、そうやって対話が生まれるのは意義のあることだと思います。

清水　思う壺だったわけですね（笑）。

飯塚　いえいえ！　議論を仕掛けていくために、ワーディングをすごく工夫しているんです。テーマから派生し、新たな問いが生まれ

るので。

伊津　地方創生という言葉が生まれてから少し立つので、「地方」という言葉がもつ意味合いも変化していると思っています。ある地域で地方創生に携わっている方が、俺たちは地方なんかじゃない、俺たちがいるところが真ん中だっておっしゃっていて。そうした地方ならではの強さから派生したテーマでもあったんです。

清水　そうだったんですね。でも僕は、その思いはまったくないんですよ。地方に居て、自分たちが主役だと言うよりは、もっと自然体でいいと思うんです。田舎のじいさんばあさんみたいに。僕自身は何でもよくて、いちばんオモロイことをただただ綿密にやっているだけです。

ONE SLASH代表
清水 広行氏

課題が明確な地方にこそ、Mandalaという場がほしい

―伊津さん、飯塚さんはゲリラ炊飯のイベントで清水さんと出会い、「Creativity Future Forum'23」への登壇を打診されました。その理由を教えてもらえますか？

伊津 それはもう、面白かったからです（笑）。

飯塚 気づいたら聡恵さんが話しかけていて、「あ、先輩ナンパしてるって（笑）」

―どういうところに面白みを？

伊津 羽釜を運び込んでお米を炊く発想って、それだけで面白いじゃないですか。そこで話しかけてみると、「この袋はお米からできている」とか、まるでマジシャンのようにいろんな話が飛び出してきて。「この人はいったい何をしてる人なんだろう？」って（笑）。

清水 聞き方が上手だったんですよ。あのイベントでは200枚ほど名刺を交換したんですが、「お米、美味しいですね」って話がほとんどで。でも聡恵さんや帆南さんは深掘りをして聞いてくれたので、ビジネスの話をいろいろできたというか。

伊津 それは私たちがUoCにいるからかもしれないですね。ひろさんの話を聞いて思ったんです。「この人が言っていることは、UoCがやろうとしていることと同じだな」って。

清水 僕も初めてUoCに来たときに思いました。自分の頭の中をぜんぶ出したらこうなるわって。

伊津 ひろさんは「ひとりMandala」をやっているんだと思います。自分自身でいろんな社会課題を見出して、その課題ごとにいろんな領域の人たちを巻き込んで、一緒になって議論しながら解決を目指そうとしている。

清水 確かにそうかも。正直、ひとりMandalaをやりすぎて、もう処理しきれないんですよ。

領域を超えて集まり、議論できるこうした場所が本当にほしい。

――先ほどUoCを地方で、という話もあったと伺いました。

伊津　そうですね。たとえば海の見える平屋で子どもからお年寄りまで自由に出入りでき、創造性について語り合える場をつくりたい、というのが私たちの理想なんです。むしろMandalaという場を積極的に外に出し、越領域で創造性が生まれる対話を民主化したいというのが私たちの思いです。

清水　僕はMandalaを地方でやりたいってすでに伝えています。なぜなら、地方のほうが課題が明確だからです。領域を決めたことで「越」が生まれる仕掛けもなるほどなと思うし。僕は今、米をプラットフォームにビジネスを創出するべく地元で動いていますが、米という領域に他の領域を掛け合わせ、創造的対話ができる場を地元につくりたい。Mandalaを上から見ると米が中心になっているような。

「面白さ」というクリエイティビティ

――飯塚さんは清水さんの活動をどう見ますか？

飯塚　洗練されたクリエイティビティとはまた違って、生のクリエイティビティというか、原液とい

うか、そんなインパクトとエネルギーを感じます。羽釜と薪を持ち込んでお米を焚き上げる魅せ方だったり、「ゲリラ炊飯」というネーミングだったり。乱暴だけど、ストーリーがあるから、惹き込まれるんだと思います。

――清水さんは何を意識してやっているんですか？

清水　ぜんぶ出す、ってことですね（笑）。人口規模感とも関係しますが、人口4000人のまちだからこそ何でも試せるし、スピード感をもって進めていけるというか。

飯塚　ひろさんはこういうキャラだから誰とでも接しやすく見えるけれど、ライスレジンでもゲリラ炊飯でもそうですが、生っぽく見せていて、でもじつはすごく計算している印象も受けます。

清水　なるべく見せないようにしてるけど、たまにそうやって見抜いてくるやつがいるんですよ（笑）。

飯塚　お米に興味をもってもらいたいと思う人は多いなかで、それを面白くムーブメントにできる人は少ないと思うんです。ゲリラ炊飯の冒頭の「パッカ〜ンの儀」なんて、お米が美味しく見える最高の瞬間じゃないですか。あの一瞬で強く印象付けているところにクリエイティビティを感じますね。

伊津　「面白い」って大事だと思います。真面目にやってもつまらないし、届かないですから。

清水　いろんな見せ方が成熟しすぎたんやと思うんです。だから僕たちは農業にエンターテインメントを掛け合わせる戦略でやってきたわけですけど、すでにちょっと飽きてきてて。カケルエンタメの次は何やろって常に探しています。

伊津　「面白い」にも種類がたくさんあるじゃないですか。人が感動したり、ゾクゾクしたり、忘れられない記憶になったりするのはすべて創造性だと思うんです。そしてそこには必ずエネルギーがある。ひろさんのそのエネルギーがあれば、次の面白いを生み出せると思いますよ。

クリエイティブは「究極の排泄物」

飯塚　改めて、ひろさんに聞いていいですか？

清水　もちろん。

飯塚　ひろさんにとってのクリエイティビティって何ですか？

清水　その時々で変わるんですが、今は「インプット」ですかね。階層を広げながら外に拡大しているこのＭａｎｄａｌａの円のように、僕もできるだけ広い範囲から、そして高所から物事を俯瞰したいんです。目線を高め、しかも別のフェーズに視野を広げる目的で、この4月には台湾に視察に行きましたし。

飯塚　ひろさんにとってのインプットとは人に会うこと？

清水　人と会うこともそうですし、肌感覚で何を感じるのかもそう。その国や場所、領域に行かないと手に入らないものは何なのか、自分に足りないものは何なのか、そうやって今の位置を確かめ、求めるものを手に入れるための次の〝ここ〟がほしいんですよ。

——その新しい領域で思考するプロセスが大事なんですね？

清水　そうそう。新しいフェーズで考えることこそに価値があるというか。その結果、ポーンと生み出されたものにはもう興味ないんですよ。その意味では、僕にとってのクリエイティブとは究極の排泄物（笑）。

一同　排泄物！（笑）。

清水　今回、ボロンとデカいのが出るきっかけを与えてくれたのがこのＵｏＣなんです。僕がほしかった完成形を見せてくれたので。このＵｏＣの鼎談で本書の企画を締めくくることができたのは、出版のアウトプットとしては最高のフィナーレです。２０１６年から地元でやってきたことの最終排泄物としてこの本を完成させられるので（笑）。

伊津　そしてこの本をご覧になった人の新たな創造性につながっていきますね。

清水　まさにそうです。そうやってローカル同士がつながり、地域を盛り上げていこうっていうのがこの本の趣旨なので。

© UNIVERSITY of CREATIVITY

UoC主催
「Creativity Future Forum'23」

登壇レポート

2023年3月17日(金)-18日(土)、「Creativity Future Forum '23」が
赤坂 Biz タワー 23F のUoC東京キャンパスで開催された。参加者は総勢500名。
ポストコロナの新しい社会について、クリエイティブリーダーと共に語り尽くす2日間となった。
17日には、地方で活躍するクリエイティブリーダーのひとりとして、
ONE SLASH代表の清水広行氏が登壇。当日の様子をレポートする。

© UNIVERSITY of CREATIVITY

Creative Reset 1　16:15-17:15

AI Aided Creativity
vs から with AI の創造性時代へ

YOICHI Ochiai 落合陽一
Media Artist　メディアアーティスト

KEISUKE Toyoda 豊田啓介
Project Professor, Institute of Industrial Science, The University of Tokyo, Architect, NOIZ, gluon
東京大学生産技術研究所特任教授、建築家、NOIZ、gluon

1

Creative Reset 2　16:15-17:45

Erase the word "Rural"
この国から「地方」という言葉をなくす

TADAFUMI Azuno 東野唯史
ReBuilding Center JAPAN CEO 代表

ATSUKO Isamoto 鯨本あつこ
THE ARCHIPELAGO NEWS Representative Director・Chief Editor
NPO 法人離島経済新聞社 代表理事・統括編集長

HAL Seki 関治之
Code for Japan Founder
一般社団法人コード・フォー・ジャパン 代表理事

HIROYUKI Shimizu 清水広行
ONESLASH CEO / MLGs Hometown Revitalization Ambassador
ONE SLASH 代表 / MLGs ふるさと活性化大使

MANABU Ozato 大里学
UNIVERSITY of CREATIVITY

2

「創造性」を軸に「地方」から「AI」「教育」まで、多種多様なテーマのセッションが繰り広げられた

タイムテーブル

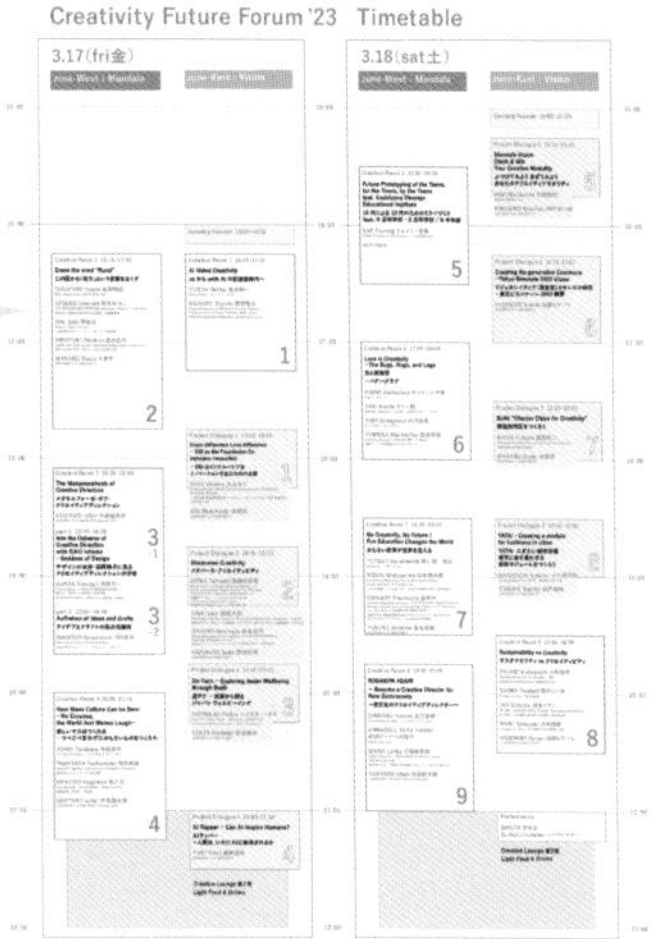

ＵｏＣが主催する「Ｃｒｅａｔｉｖｉｔｙ Ｆｕｔｕｒｅ Ｆｏｒｕｍ」とは、世代や業界、専門を超えたさまざまな人たちが集い、対話によって未来創造の起点を探っていく、創造性に特化したフォーラム。２度目の開催となる今回は「Ｃｒｅａｔｉｖｅ Ｒｅｓｅｔ・語ろう。未来をおもろくリセットしよう」をテーマに、２日間で20近くのセッションが繰り広げられた。

「各界のクリエイティブリーダーがここに集まってくれました。この２日間で感動の芽を探してほしい。そして創造知の原液に触れていただき、私たちＵｏＣと共にポストコロナの新しい社会について考えてほしい」

初日となる17日、ＵｏＣ主宰の市来健太郎氏による挨拶がおこなわれ、セッションが始まった。16時15分からは『この国から「地方」という言葉をなくす』が始まり、同時刻にメディアアーティストの落合陽一氏と建築家の豊田啓介氏による『ｖｓからｗｉｔｈ ＡＩの創造性時代へ』も開始された。

米でコラボできますか？

17日の16時15分、ファシリテーターを務める大里氏の進行のもとに『この国から「地方」という言葉をなくす』が始まった。まず登壇者が自己紹介したのち、以降はお互い質問し合うなどして対話が進んでいった。

登壇者から最初に出された質問は、「ＣｈａｔＧＰＴをどう思うか？」。「人が生きるために必要な

清水氏が登壇したセッション

『この国から「地方」という言葉をなくす』

●カタリスト（登壇者）

鯨本 あつこ氏
（NPO法人離島経済新聞社 代表理事・統括編集長）

関 治之氏
（一般社団法人コード・フォー・ジャパン 代表理事）

清水 広行氏
（ONE SLASH代表／MLGs ふるさと活性化大使）

大里 学氏
（UNIVERSITY of CREATIVITY）

ものはローカルにある、それを守るために活用する分には意味がある」といった意見が出るなか、清水氏は「ド田舎で最先端なことがしたい。絶対使うべき」との考え。その背景として、「この先10年で僕の地元の規模が縮小していくのは避けられない。地域の生存戦略のために使えるものは何でも利用し、地元を生き永らえさせるのが僕の役割」と語った。

清水氏から他の登壇者に出された質問は、「米でコラボできますか？」。地元の宝である米に着目したRICE IS COMEDYの活動に触れたのち、農家や一次産業を盛り上げるために「米をプラットフォーム」としたビジネス創出に取り組んでいる活動を紹介。これに反応したのが会場の聴講者で、農業に生徒を巻き込む取り組みを検討しているといい、その場でコラボに発展しそうな盛り上がりに。

「お金を腐らせたい」

会場からは、「みなさんが思う『地方をなくす』とはどういうことか？」という質問が飛び出す。「なくすっていうか、ワード自体はあっていい」「中央対地方というのは価値観の問題」「対立する問題ではない」といった話が出るなか、

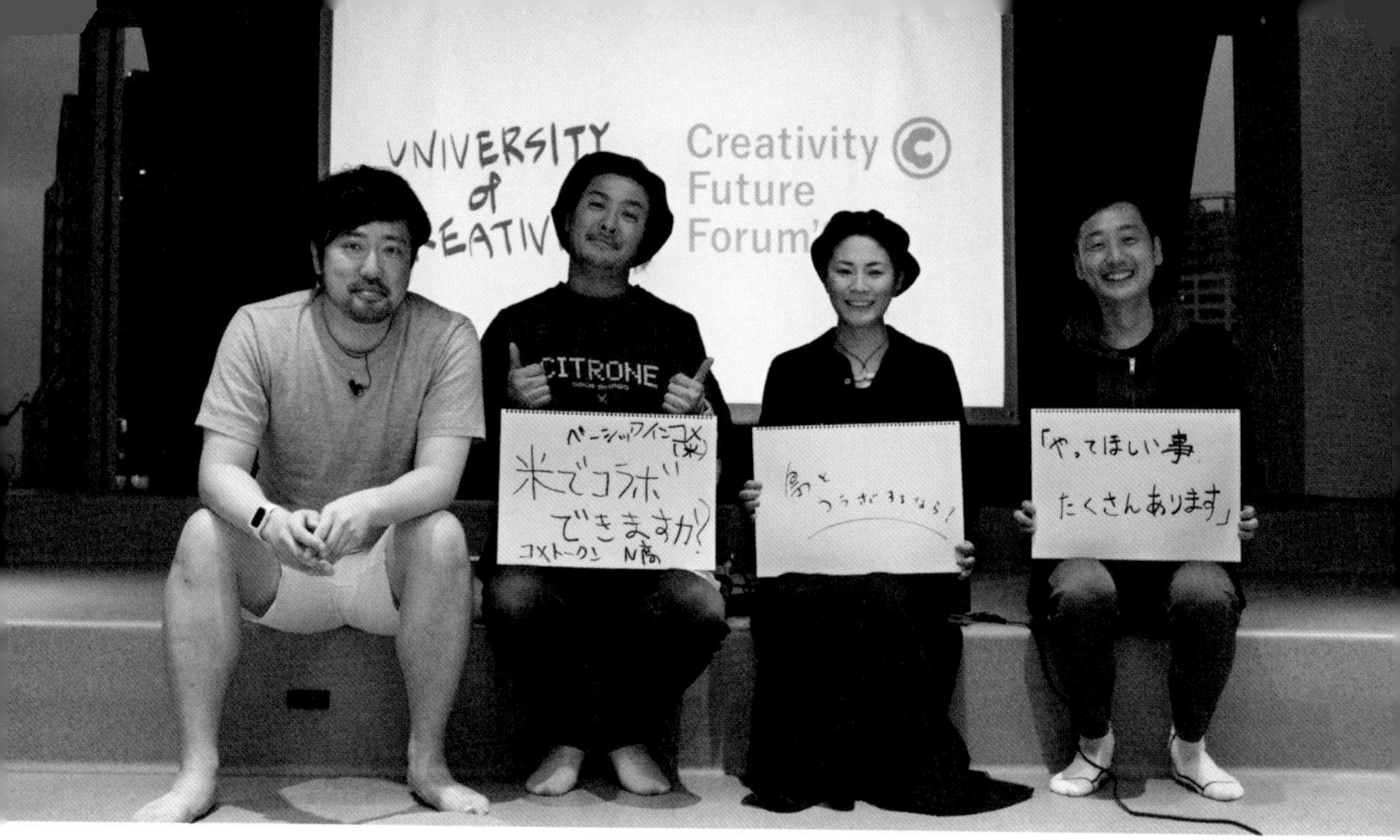

左から大里氏、清水氏、鯨本氏、関氏。それぞれに異なる領域で活躍する者同士だからこその熱を帯びた対話が繰り広げられた。この登壇を機にクリエイティビティの新たな種が生まれたに違いない ©UNIVERSITY of CREATIVITY

清水氏は「東京って世界の地方。別に地方でいいんじゃない？」「そもそも田舎で良かったと思う。勝負するパイも含めて勝ちやすさがある。その土地だからこそ価値が生まれるテロワールのように、結局はブランディングの問題」と自らの考えを述べた。

総じて、地方の魅力や可能性にスポットを当て、広げていくほうに価値を見出す意見が多い印象をもった。

そして最後に大里氏から出された質問は、「魔法の杖で何かひとつ願いが叶うとしたら？」。これに対して清水氏は「お金を腐らせたい」という一見意味を取りづらい答え。「地方で活動している人たちの多くが資本力に課題を抱え、活動をあきらめている。仮にお金が腐れば流動性が高まり、地方でも大胆に資本を投下できる余力が生まれるのではないか。そんなお金の勉強を始めている」として、ブロックチェーン技術を活用した地域通貨の可能性やファンドの設立構想にも言及した。

地方という言葉をなくすべきか否か――主催者からの問いによって生まれた今回のセッション。地方の魅力や可能性を再確認し、次代につなぐための一歩になったと感じた。こうして、1時間半に及んだセッションは盛況のうちに終了した。

SPECIAL THANKS

クラウドファンディングに
ご支援をしてくださった皆様

ご支援者名（五十音順）

黒田倫基 様（株式会社ひのまる工務店）

島本真裕子 様（株式会社ひのまる工務店）

HasH1 様

ご支援者名（五十音順）

岩木みさき 様（実践料理研究家・みそ探訪家）

影山由美子 様（クックパッド株式会社 社内起業家）

岸本清明 様

小西悠貴 様

ソトムラコンディショニングルーム　外村由香 様

高橋常子 様

高橋正明 様

中嶋幸代 様

西垣龍平 様 CRAZY ARK BOX

バイオマスレジン南魚沼 様

橋倉深音 様

三浦茂登江 様（株式会社 ALULLA 代表取締役）

森田裕子 様

ゆうやくんちのおいしいお米プロジェクト 様

吉田尚之 様　旅籠 八…

Rice is Comedy

GUERRILLA
SUIHANG
IN
SHODOSHIMA

ゲリラ炊飯

IN
小豆島
密着レポート

2023年1月26日、全国を巡るゲリラ炊飯・第二章の
一発目として「RICE IS COMEDY」が小豆島へ上陸！
自分たちが楽しむゲリラ炊飯から、
全国の地域を盛り上げるためのゲリラ炊飯へ。
RICE IS COMEDYのゲリラ炊飯・第二章がここから始まる――。

全国の皆さん、待っててや～

「パッカ
そこのキミ！

ンの儀

「ほないくで、５、４、３、２、１、パッカ〜ン！」

せっせと薪をくべた羽釜から、お米の香りを含んだ湯気が勢いよく空に飛び立っていく。辺り一面に広がる炊き立てのお米の香り。至るところから「ヒューッ！」という大歓声が沸き上がる。待ちに待ったお米が炊けたのだ。

パッカ〜ンの儀と題してその場に居合わせた人たちとカウントダウンをし、炊き立てのお米を披露するのがRICE IS COMEDYのお米生産部隊隊長・中筋雅也流。左手をピシッと伸ばし、意中のあの子に狙いを定める。「ほぼ告白と一緒やで！」そう言い放つ雅也さんのパッカ〜ンレーダーが反応した３名の女性に手伝ってもらい、今日もパッカ〜ンの儀でゲリラ炊飯が始まっていく。米でまちを元気にする、新生・ゲリラ炊飯をどうぞご覧あれ！

ゲリラ炊飯

第二章 始動。

自分たちが“ハブ”になることで、もっともっと地域を盛り上げていく。
これがゲリラ炊飯・第二章の始まりだ。

改めて、ゲリラ炊飯とは?

突然まちなかに羽釜と薪を運び込み、炊き上がったお米をおにぎりにして、道ゆく人たちに一方的に振る舞う——これが今話題になっている「ゲリラ炊飯」だ。

仕掛けるのは、琵琶湖の最北端に位置する人口4000人のまち、滋賀県長浜市西浅井町の地域グループ「ONE《ワン》 SLASH《スラッシュ》」。地元を全力で楽しみながら地域を盛り上げるべく、さまざまな活動をおこなっている。

このONE SLASHがゲリラ炊飯を始めたきっかけは、農業や一次産業のイメージをポジティブに変えたいという思い。農業には“きつい、汚い、儲からない”というイメージがあるが、地元の田んぼで米づくりに取り組んでみるとそれは間違いだと気づいた。問題は、米づくりをはじめとした一次産業のネガティブムードにある。そのイメージによって敬遠されてきた結果、担い手不足や耕作放棄地の増加といった課題が生じていると感じたのだ。

そこで、一つひとつの課題に直接的にアプローチするのではなく、もっと根本的な「地域のムード」を明るくしようと考え、「RICE《ライス》 IS《イズ》 COME《コメ》DY《ディ》」(米づくりは喜劇だ)をコンセプトに、自分たちが楽しむ手段として“発明”したのがゲリラ炊飯なのだ。

地域を盛り上げるゲリラ炊飯へ

まちなかでお米を振る舞うアイデアはインパクトが大きく、瞬く間に話題に。やがて「私の地域にも来てほしい」

第二章のきっかけとなった愛媛県西条市の産直市場「いとまちマルシェ」でおこなわれたゲリラ炊飯（撮影：Sota Mabuchi）

「もっと地域を盛り上げたいから力を貸してほしい」と全国各地の人たちから声がかかるようになった。

ONE SLASHの代表を務め、農業プロジェクト「RICE IS COMEDY」を牽引する清水広行さんは、自分たちが楽しんでいたゲリラ炊飯が、全国の地域を盛り上げるためのゲリラ炊飯へと変貌する未来が見えたという。自分たちがハブになることで、結果として地域が盛り上がっていく。ゲリラ炊飯・第二章の始まりだ。

いざ、
全国キャラバンへ

そこで各地からの依頼に応えるべく、取り組んだのがクラウドファンディング。ゲリラ炊飯バスで日本中を行脚するべく、マイクロバスの購入支援を訴えた。その結果、集まった550万円もの資金でマイクロバスを購入し、日本全国をゲリラ炊飯で巡るために全面改装を図った。

そうして誕生したゲリラ炊飯キャラバンバス。どことなく雅也さんに似ているポップなキャラクターを押し出したインパクトのあるバスを走らせ、2023年1月26日に小豆島にやって来たのだった。

この小豆島を皮切りに、日本全国でゲリラ炊飯を展開していくRICE IS COMEDY。すでに日本全国40地域以上からオファーが来ているという（本書執筆時）。「全国の皆さん、待っててやー！」

「なんでゲリラ炊飯を
そらオモロいからで

「職人醤油」代表
高橋 万太郎さん

なぜ一発目が小豆島なのか

どうしてRICE IS COMEDYが、はるばる滋賀県からフェリーに乗って小豆島にまでやって来たのか。それは京都の日本酒イベント「SAKE Spring（以下、酒スプ）」までさかのぼる。

RICE IS COMEDYが毎回参加している酒スプとは、京都で開催される日本最大級のきき酒イベントのこと。関西を中心とした酒蔵が集結し、魅惑のグルメと一緒に日本酒が楽しめる。この酒スプで醤油の専門店『職人醤油』を運営する高橋万太郎さんから清水さんが声を掛けられ、ヤマロク醤油の五代目・山本康夫さんが小豆島から運んできた木桶を一緒に担ぎ、卵かけご飯を共に手がけたのがすべての始まりだ。

木桶職人復活プロジェクトへの思い

山本さんは小豆島で木桶醤油を製造するかたわら、２０１２年に立ち上げ

呼んだって?
しょ」

ヤマロク醤油 五代目
山本 康夫さん

た「木桶職人復活プロジェクト」の活動もおこなう。

日本食の基礎調味料である醤油や味噌、酢、味醂、酒は江戸時代まで木桶で醸造されていたが、現在は全体の1%未満にまで減少している。このままいくと今後、木桶で製造された本物の味を知る機会が失われてしまう。危機感を覚えた山本さんは、子や孫の世代にまで木桶仕込みの本物の醤油を残す「木桶職人復活プロジェクト」を発足させ、木桶の魅力を伝え続けることに。

なかでも、毎年1月に小豆島で開催している「木桶による発酵文化サミット（以下、木桶サミット）」では、日本各地から集まった食に携わる人たちと一緒に一から木桶をつくるという。今年で11年目を迎えた同イベントは、年々盛り上がりを見せている。

「オモロい」は
人をつなぐ

そんな木桶職人復活プロジェクトのメンバーたちが昨年の酒スプに出店し、隣のブースでゲリラ炊飯をおこなっていたＲＩＣＥ ＩＳ ＣＯＭＥＤＹ

と出会った。ともに食を通じて地域を盛り上げる彼らが意気投合するのに、時間はかからなかった。

ヤマロク醤油の山本さんは、自らが主催する「木桶サミット」でイベントを盛り上げてほしいと思い、ＲＩＣＥ ＩＳ ＣＯＭＥＤＹにオファーした。そうして今回、小豆島でのゲリラ炊飯が実現したのだ。

「ゲリラ炊飯を小豆島に呼んだ理由は何ですか？」そう問いかけると、山本さんからの返事はひと言。「そんなもん、オモロいからに決まってるでしょ」

米と醤油がゲリラ炊飯でつながった

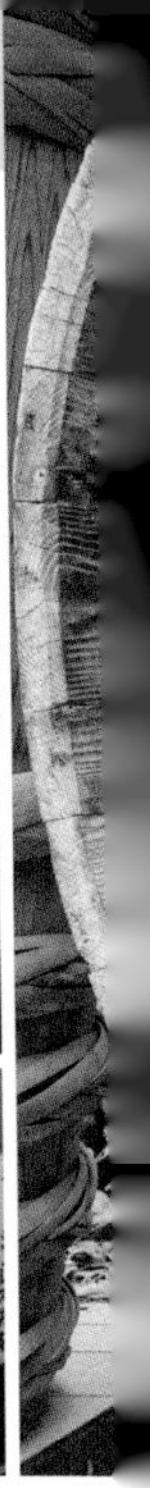

RICE IS COMEDYの思い

　米づくりのネガティブイメージを払拭し、農業や一次産業を盛り上げたい。そんな思いでゲリラ炊飯をおこなうＲＩＣＥ ＩＳ ＣＯＭＥＤＹ。ヤマロク醤油の山本さんや職人醤油の高橋さん、そして木桶職人復活プロジェクトに携わるメンバーたちも、木桶を復活させたいとの思いで、毎年木桶サミットを開催している。

　両者に共通するのは、これからの日本を支える“食”への希望。清水さんは同じ食への志をもつ木桶職人復活プロジェクトに共感したのだ。

木桶の背後に広がる文化・産業の未来

　木桶をつくるためには樹齢１００年の杉の木が必要となる。木桶の杉を育てるために吉野林業が発達したといわれるように（『巨大おけを絶やすな！』（竹内早希子著／岩波書店）、木桶にとって杉はまさに生命線。木桶を残すためには人の手で山を整備し、林業をはじめとした一次産業や食文化を後世に守り継いでいかないといけない。木桶の背後に産業や文化の未来が広がっているのだ。

杉からつくられた木桶の寿命はゆうに100年を超えるという。そして長い歳月を経ながら独自の菌が木桶に付着し、蔵独特の醤油や味噌が生み出される。気の遠くなるような文化や技術の伝承だが、そうやって自然の循環と共に営むのが一次産業でもある。そうした背景が、農業を含む一次産業全体を盛り上げたい思いをもつ清水さんの心をとらえ、ゲリラ炊飯・第二章の一発目として小豆島が決まった。

お米×卵×醤油という最強

「せっかくゲリラ炊飯キャラバンバスで小豆島へ行くのなら、ゲリラ炊飯を通じて地域を盛り上げたい。自分たちがハブとなって、まちとまち、産業と産業、人と人、米と醤油をつなげたい」その目的のために、清水さんたちメンバーは木桶サミットでもゲリラ炊飯の存在感を爆発させた。

雅也さんのパッカ〜ンの儀で会場を盛り上げ、炊き立てほやほやのお米を振る舞う。いつもはおにぎりにして配るお米に、木桶サミットで用意した数種類の卵をトッピング。さらに全国各地からこの日のために集まった醤油メーカーのこだわりの木桶醤油をかけ、これ以上ない贅沢な卵かけごはんのでき上り。至るところから聞こえる「おいしい」という声。米と醤油がゲリラ炊飯でつながった瞬間だった。

Rice is Comedy

GUERRILLA SUIHANG

★IN★ SHODOSHIMA

イベントレポート

IN

香川県小豆郡
小豆島町

木桶職人復活プロジェクト

IN
滋賀県長浜市
西浅井町

RICE IS COMEDY
ゲリラ炊飯

木桶を未来へ 大人たちが本気で 盛り上がる

太鼓のリズムに合わせて細い竹を縄でぐるぐる巻きにする。まるでお祭り騒ぎ

ヤマロク醤油へようこそ

イベント会場目前で立ち往生!?

毎年1月に小豆島でおこなわれる木桶づくり。木桶サミットが２０２３年1月26日(木)～28日(土)の３日間、１５０年以上の歴史を誇るヤマロク醤油にて開催された。醤油、味噌、日本酒を木桶で仕込むメーカー、飲食店や流通関係者、さらには料理研究家やメディア関係者など全国各地から数百人が集まり、皆で朝から晩まで木桶をつくる。大人たちが本気で盛り上がる一大イベントだ。

そんなイベント会場に向かっていたゲリラ炊飯一行は、到着寸前で立ち往生していた。ゲリラ炊飯バスが大きすぎて狭い路地を通れないのだ。それでも清水さんの巧みなハンドルさばきで今にもぶつかりそうな家々の間を縫うようにして走行し、なんとか会場に到着。「醤油が空気に溶けている」という表現がしっくりくるほど醤油の香りが漂う会場に、小雨が降りしきるなか続々と人が集まってくる。

木桶づくり、始まる

会場では、技術伝承の役目も担う木桶づくりがスタートした。木桶の周り

箍《たが》を編む様子はまさに職人技！ 竹が流れるように巻かれていく

に巻かれている竹の輪（箍＝たが）を編んだり、箍の内側に固定する芯をぐるぐる巻いたり、ハンマーで叩きながら箍を木桶に入れたりと、まさに職人技の連続。木桶職人復活プロジェクトのメンバーたちの元気な掛け声に合わせ、会場全体を巻き込みながら、自分たちの身長よりも大きい木桶を皆でつくっていく。

木桶づくりが休憩に入り、ついでトークセッションがスタート。見上げるほど大きな木桶の上に登壇者が座り、「木桶と職人」「木桶とお酒」「木桶と若手」など木桶をテーマにしたトークが繰り広げられる。椅子代わりの一斗樽に腰掛け、話に真剣に耳を傾ける参加者の姿が印象的だった。

イベントが盛り上がりを見せるなか、雅也さんがゲリラ炊飯の準備を進めていく。お腹いっぱいお米を食べてもらうために持ってきた西浅井産のコシヒカリといのちの壱を研ぎ、羽釜にセット。薪をくべ、強い火力で一気にお米を炊く。辺り一面に充満し始めるお米の甘い香り。どこかホッとするような香りに導かれるように、グウとお腹が空いてきた。

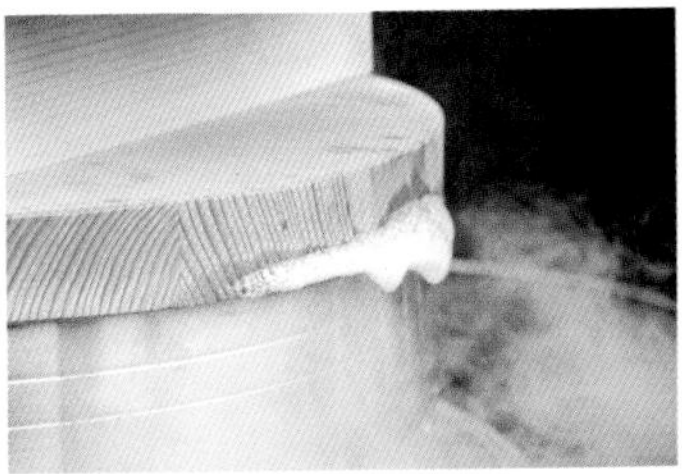

炊き立ての羽釜のご飯は大人気！ みんなペロリと平らげ、おかわりの列が止まらない

小豆島で残した爪痕

待ちに待ったお昼。「人口４０００人の琵琶湖のテッペンからやって来ました。農業をやっています。僕たちが農業をする姿を子どもたちに見てもらい、カッコいいと思ってもらいたい。米づくりに興味をもってもらいたい。そんなときに『農業って大変だよ』という大人たちの言葉が生み出すネガティブな現象をぶっ壊したくて、ゲリラ炊飯をやっています！」そんな清水さ

全国から集まったこだわりの木桶醤油がズラリと並ぶ。どれをかけるか迷っちゃう！

んの熱い挨拶で、ゲリラ炊飯が始まる。

もちろん、恒例のパッカ〜ンの儀も忘れちゃいない。雅也さんの掛け声に合わせ、来場者と心をひとつに。木蓋を開けた瞬間立ち上るお米の香りに、「ヒューッ！」という歓声が小豆島に響き渡っていく。

今回の木桶サミットでは、ゲリラ炊飯で炊いた羽釜のご飯に、６種類の中から選び放題の卵を割り入れ、前述のように各地の醤油メーカーによるこだわりの木桶醤油をかけた“贅沢卵かけご飯”がおかわりし放題。さらに木桶醤油を使った特製ラーメンも提供された。

参加者の方々に話を聞いてみると、「普段あまりお米を食べないけれど、羽釜で炊いたご飯はおいしい。２杯も食べちゃった」「卵や醤油に負けないくらい濃厚なお米の味わいが口いっぱいに広がる。食べ過ぎてしまうくらい」など、これまでのお米の印象が変わったという方が多かった。ＲＩＣＥ ＩＳ ＣＯＭＥＤＹは、小豆島でもしっかりと爪痕を残しているようだ。

これまでのお米の印象が変わった

木桶の再生利用
使い道は
なんでも良い

清水さんが木桶オークションに参加！
なんかオモロいことを企んでいる……!?

まさかの木桶ゲット！

　ゲリラ炊飯でたらふくお米を味わったあとは、13時から「木桶オークション」が開催された。木桶オークションとは何だろう？　と疑問だったが、木桶サミットでつくった木桶を一定期間使用したのち、譲り受けたい人に購入してもらうイベントだった。値の張る木桶なので、取引される金額はやや大きめ。そのためなのか、異常な盛り上がりを見せる。

　今回取引された木桶は６つ。なんとそのうちの１つを、ＲＩＣＥ ＩＳ ＣＯＭＥＤＹが購入したのである。楽しそうに笑う清水さんに使い道を聞いてみると、「サウナの水風呂！」という

大盛り上がりの木桶オークション。オモロい格好をした大人たちが会場をさらに沸かす

斬新な答え。ヤマロク醤油の山本さんいわく、「使い道は何でもいい」とのことだった。

最高潮の盛り上がりを見せた木桶オークション、木桶にまつわるトークセッションなど盛りだくさんのイベントも、もうすぐ終盤。

辺りが暗くなり始める17時からは、地元の食材をふんだんに振る舞った商談会が開かれる。ＲＩＣＥ ＩＳ ＣＯＭＥＤＹでは、ゲリラ炊飯で余ったお米をおにぎりにして、急きょ〝焼きおにぎり〟を振る舞うことに。アツアツの鉄板でこんがりと焼き目をつけ、選りすぐりの木桶醤油を添えて。香ばしい醤油がお米に染み込み、寒さで凍えたからだに染み渡っていく。

ヤマロク醤油の店内はお土産の醤油を求めて多くの人たちで賑わう

ゲリラ炊飯×こだわりの醤油が出合った「焼きおにぎり」。炊き立てとは違うおいしさ

ゲリラ炊飯が人と人、まちと

まちをつなぐハブになった

変えていこう

清水さんの熱いスピーチで、
会場がひとつに。熱い抱擁が
交わされていく

俺たちとみんなで世界を変えていく

そして訪れたゲリラ炊飯最終日の夕方――。

木桶職人復活プロジェクトのメンバーたちが参加者たちと抱き合い、掛け声に合わせて円陣を組む。そして帰る人たちの周りをじわじわと追い詰めるように取り囲んでいき、ひとつのエネルギー体となったその瞬間、胴上げを始める。イベントを盛り上げてくれた参加者に向けた「見送りの儀式」だ。この儀式がＯＮＥ ＳＬＡＳＨのメンバーにもおこなわれた。

「辛いときもあるけど、それも含めて喜劇。一次産業に光を当てたい。それは農業も醤油も桶屋（作る側）も同じ。家族でも友人でも誰でもいい。ここに、熱い思いをもったやつがいたと伝えてほしい。みんなでやろう。俺たちが（世界を）変えていく」と涙ながらに語る清水さん。木桶職人の伊藤大輔さんが先に泣いていて、「僕もやられた」と振り返る。そうして木桶職人復活プロジェクトのメンバーたちと抱擁を交わしていった。

「大人たちが熱量をもってエネルギーを一か所に集めるとすごい力になる。ピュアになって、勝手に涙があふれてくる」清水さんは、この小豆島のイベント後に登壇したフォーラム「Creativity Future Forum '23」（UNIVERSITY of CREATIVITY[UoC]主催）でそう語っている。

木桶がなくなるかもしれないというネガティブから始まった取り組みが、いつの間にか熱い仲間たちを呼び寄せ、ポジティブな状況へと変化していく。ここには、ＲＩＣＥ ＩＳ ＣＯＭＥＤＹと同じ志をもった仲間がいる。木桶を通してつながり、また頑張ろうと

みんなで胴上げを行う「見送りの儀式」。清水さんが小豆島の宙に舞う

大人たちがエネルギーを集めるとすごい力になる

思わせてくれる同志たちがいるのだ。

悲劇は、やはり喜劇だった

皆に見送られながら、カッコよく帰っていくゲリラ炊飯キャラバンバス……と思ったのも束の間、なんとヤマロク醤油の母屋にバスの後方を激突させた。「まじ!?」「流石だな」「やるなあ」という声と響き渡る笑い声。ＲＩＣＥ ＩＳ ＣＯＭＥＤＹのメンバーたちも、突然の出来事に驚きつつもまんざらではなさそうだ。

今回、初めて走行したゲリラ炊飯キャラバンバスを初回でぶつけるという悲劇も、こうして喜劇に変わっていくのだろう。最後はみんなにバスを押してもらい、また新たな場所へ向かっていった。

西浅井という港があるから次の場所に向かえる

RICE IS COMEDY®

米づくりは喜劇だ